高职高专电气电子类系列教材

可编程控制器技术应用
（Micro800）

王 静　主编
邹显圣　张正男　副主编

化学工业出版社

·北京·

内容简介

本书以美国罗克韦尔 Micro800 PLC 为例,介绍了可编程控制器的结构、原理、编程语言、编程方法、常用指令及应用,理论知识与实际应用相结合,注重知识的应用性。内容的编写由浅入深,更注重 PLC 常用技术的应用,实用性较强。本书在讲解 Micro800 PLC 基础知识的同时,注重项目实践训练,既能帮助初学者打好理论基础,又能使之在理论学习的同时掌握基本的应用,扩展内容又能帮助读者进一步提高。

本书适合高职高专及应用型本科院校电气、机电及机械类等专业教学使用,也可供自动控制行业的工程技术人员以及 PLC 控制的爱好者阅读参考。

图书在版编目(CIP)数据

可编程控制器技术应用:Micro800/王静主编. —北京:化学工业出版社,2021.7
高职高专电气电子类系列教材
ISBN 978-7-122-39029-5

Ⅰ.①可… Ⅱ.①王… Ⅲ.①可编程序控制器-高等职业教育-教材 Ⅳ.①TM571.6

中国版本图书馆 CIP 数据核字(2021)第 078509 号

责任编辑:廉 静 王听讲　　　　　装帧设计:韩 飞
责任校对:刘 颖

出版发行:化学工业出版社(北京市东城区青年湖南街 13 号　邮政编码 100011)
印　　装:三河市双峰印刷装订有限公司
787mm×1092mm　1/16　印张 14¾　字数 325 千字　2021 年 8 月北京第 1 版第 1 次印刷

购书咨询:010-64518888　　　　　售后服务:010-64518899
网　　址:http://www.cip.com.cn
凡购买本书,如有缺损质量问题,本社销售中心负责调换。

定　　价:48.00 元　　　　　　　　　　　　　　　　版权所有　违者必究

前　言

随着电子技术和计算机技术的发展，以可编程序控制器为主体的新型电气控制系统已经逐渐取代传统的继电器控制系统。PLC 技术已被广泛应用于各行各业，其相关课程也已被很多高职高专院校作为专业课程来开设，并列为电气和机电专业的核心课程。

本书在编写时将能力培养作为重点。为了使教材更具实用性，在编写过程中，精心选取了许多具有代表性的、能够满足课程知识点要求的实例，将枯燥的理论学习与生动的实际应用结合，使教师教学时更方便，学习者也能更加感兴趣阅读。

本书以罗克韦尔 PLC 的 Micro800 系列为载体，系统地介绍了可编程控制器的结构、原理、编程语言、编程方法、常用指令及应用，列举了大量的接线、编程方面应用实例。主要内容包括：项目 1 认识可编程控制器，包含可编程控制器简介及可编程控制器的结构、原理和编程语言等；项目 2 认识 Micro800 系列控制器，包含 Micro800 控制器、Micro820 控制器、Micro850 控制器及对应的项目实践；项目 3 CCW 编程软件的使用，包含创建 CCW 新项目、CCW 程序上传、下载及调试、CCW 程序导出、导入等；项目 4 Micro800 编程入门，包含 Micro800 控制器内存组织、Micro800 控制器梯形图、Micro800 控制器常用编程指令、梯形图的编写方法、项目实践等；项目 5 Micro800 编程进阶，包含比较指令简介及应用、算术指令简介及应用、数据转换指令简介及应用、自定义功能块简介及应用、项目实践等；项目 6 Micro800 数据交互，包含 Micro800 数据交互简介及对应的项目实践等；项目 7 综合实践，包含所学内容的综合应用。

本书编写由浅入深，在讲解 PLC 基础知识的同时，注重应用性，既能帮助初学者打好理论基础，又能使之在理论学习的同时掌握基本的应用，扩展内容还可帮助读者进一步提高。

本书可作为高职高专院校电气类、机电类专业的教材，也可供自动控制行业的工程技术人员及 PLC 控制的爱好者阅读参考。

本书项目 1 由王静、邹显圣编写；项目 2 由王静、王丽艳、张也编写；项目 3 由王静、大连锂工科技有限公司张正男编写；项目 4、项目 5、项目 6

由王静编写；项目7由王静、张正男编写。在本书的编写过程中，得到了大连职业技术学院相关领导、老师及合作企业大连锂工科技公司领导和技术人员的大力支持，在此一并表示感谢。

编者

2021 年 4 月

目 录

项目 1　认识可编程控制器 ……………………………………… 1

1.1　可编程控制器简介 ……………………………………… 1
　　1.1.1　可编程控制器的特点及分类 ……………………… 2
　　1.1.2　可编程控制器的应用场合 ………………………… 5
1.2　可编程控制器的结构、原理和编程语言 ……………… 6
　　1.2.1　可编程控制器内部结构 …………………………… 6
　　1.2.2　可编程序控制器控制工作原理 …………………… 12
　　1.2.3　可编程序控制器的编程语言 ……………………… 13
　　1.2.4　可编程序控制器控制系统组成 …………………… 18
知识拓展 1　罗克韦尔可编程控制器简介 ………………… 20
习题 ……………………………………………………………… 23

项目 2　Micro800 系列控制器 ………………………………… 24

2.1　Micro800 控制器 ………………………………………… 24
　　2.1.1　Micro800 控制器简介 ……………………………… 24
　　2.1.2　Micro800 控制器输入/输出接口电路 …………… 27
2.2　Micro820 控制器 ………………………………………… 28
　　2.2.1　Micro820 控制器简介 ……………………………… 28
　　2.2.2　Micro820 控制器端子配置及外部接线 ………… 32
　　2.2.3　Micro800 的故障类型及故障处理 ……………… 33
2.3　Micro850 控制器 ………………………………………… 37
　　2.3.1　Micro850 控制器简介 ……………………………… 37
　　2.3.2　Micro850 控制器端子配置及外部接线 ………… 38
2.4　项目实践 ………………………………………………… 42
　　2.4.1　用 Micro820 控制直流电动机正反转控制的 I/O 分配表
　　　　　及外部接线 …………………………………………… 42
　　2.4.2　用 Micro850 控制电动机手动星角降压启动控制的

     I/O 分配表及外部接线 …………………………………… 43
   2.4.3 用 Micro820 控制三盏灯交替闪烁的 I/O 分配表及
     外部接线 ………………………………………………… 44
   2.4.4 用 Micro850 控制运料小车的 I/O 分配表及外部接线…… 45
 知识拓展 2 Micro810、Micro830 控制器 ……………………………… 46
 习题 …………………………………………………………………………… 60

项目 3 CCW 编程软件的使用 …………………………………… 62

 3.1 创建 CCW 新项目 ……………………………………………………… 62
   3.1.1 编程软件的安装和卸载 ………………………………… 62
   3.1.2 RSLinx 中的 USB 通信 ………………………………… 63
   3.1.3 刷新 Micro800 固件 …………………………………… 63
   3.1.4 创建 CCW 新项目 ……………………………………… 65
 3.2 CCW 程序上传、下载和调试 ………………………………………… 67
   3.2.1 CCW 程序上传 ………………………………………… 67
   3.2.2 CCW 程序下载 ………………………………………… 68
   3.2.3 CCW 程序调试 ………………………………………… 69
 3.3 CCW 程序导出、导入 ………………………………………………… 71
   3.3.1 CCW 程序导出 ………………………………………… 71
   3.3.2 CCW 程序导入 ………………………………………… 71
 3.4 项目实践：按要求创建项目 …………………………………………… 73
 知识拓展 3 CCW 软件中对 I/O 模块、变频器的组态 …………………… 77

项目 4 Micro800 编程入门 ………………………………………… 90

 4.1 Micro800 控制器内存组织 ……………………………………………… 90
   4.1.1 Micro800 控制器数据文件 ……………………………… 90
   4.1.2 Micro800 控制器程序文件 ……………………………… 91
 4.2 Micro800 梯形图 ………………………………………………………… 92
   4.2.1 梯形图（LD）程序开发环境 …………………………… 92
   4.2.2 梯形图（LD）元素 ……………………………………… 93
 4.3 Micro800 常用编程指令 ………………………………………………… 106
   4.3.1 计时器（TON）………………………………………… 106
   4.3.2 计数器（CTU）………………………………………… 111
 4.4 梯形图的编写方法 ……………………………………………………… 115
   4.4.1 转换法 …………………………………………………… 115
   4.4.2 经验法 …………………………………………………… 117

        4.4.3　顺序控制设计法 ………………………………………… 121
   4.5　项目实践 ……………………………………………………… 128
        4.5.1　用转化法实现电动机正反转控制 ……………………… 128
        4.5.2　用经验法实现三相异步电动机正反转循环计数控制 …… 130
        4.5.3　用经验法实现运料小车控制 …………………………… 132
        4.5.4　用顺序控制设计法实现液压进给装置运动控制（单序列
              应用）……………………………………………………… 133
        4.5.5　用顺序控制设计法实现自动门控制（选择序列
              应用）……………………………………………………… 137
        4.5.6　用顺序控制设计法实现对双面钻孔组合机床的
              运动控制（并行序列应用）……………………………… 140
   知识拓展 4　TP、RTO、DOY、TDF、TOW 的使用 ……………… 145
   习题 ………………………………………………………………… 150

项目 5　Micro800 编程进阶 ……………………………………… 153

   5.1　比较指令简介及应用 ………………………………………… 153
        5.1.1　比较指令（Comparators）简介 ………………………… 153
        5.1.2　等于和不等于指令（Equal & Not Equal）……………… 153
        5.1.3　大于和小于指令（Greater Than & Less Than）………… 154
        5.1.4　大于等于和小于等于指令（Greater Than or Equal
              & Less Than or Equal）…………………………………… 156
   5.2　算术指令简介及应用 ………………………………………… 158
        5.2.1　算术指令简介 …………………………………………… 158
        5.2.2　移动指令（MOV）……………………………………… 159
        5.2.3　加（Addition）、减（Subtraction）、乘
              （Multiplication）、除（Division）运算指令 …………… 160
   5.3　数据转换指令简介及应用 …………………………………… 164
        5.3.1　数据转换指令简介 ……………………………………… 164
        5.3.2　将任意类型的数值转换为双整型（ANY_TO_
              DINT）…………………………………………………… 165
        5.3.3　将任意类型的数值转换为实数型（ANY_TO_
              REAL）…………………………………………………… 167
   5.4　自定义功能块简介及应用 …………………………………… 168
        5.4.1　自定义功能块的创建 …………………………………… 168
        5.4.2　自定义功能块的使用 …………………………………… 174
   5.5　项目实践 ……………………………………………………… 178

5.5.1 用算术指令实现跑马灯控制 …………………………………… 178
5.5.2 用比较和算术指令实现 4 站小车呼叫控制 …………………… 178
5.5.3 用数据转换指令实现规定时间段内的不同输出 ……………… 181
5.5.4 用数据转换指令实现对温度的比较和输出 …………………… 182
知识拓展 5 二进制操作、布尔运算、字符串操作、高速计数器
等指令的应用 ……………………………………………… 182

项目 6 Micro800 数据交互 …………………………………………… 192

6.1 Micro800 数据交互简介 ……………………………………………… 192
6.2 项目实践 ……………………………………………………………… 195
6.2.1 两台 Micro850 数据交互实例 ………………………………… 195
6.2.2 Micro850 与 Micro820 的数据交互 …………………………… 198

项目 7 综合实践 ………………………………………………………… 203

7.1 用 Micro850 实现主路、辅路十字路口交通灯控制 ………… 203
7.2 用 Micro850 实现五层升降机控制 ………………………… 207
7.3 用 Micro850 和 Micro820 联机实现停车场车辆进出控制 … 209

附录 ………………………………………………………………………… 215

附录 1：Micro800 指令集 ……………………………………………… 215
附录 2：Micro800 梯形图编辑的键盘快捷键 ………………………… 222

参考文献 …………………………………………………………………… 225

项目 1

认识可编程控制器

1.1 可编程控制器简介

可编程序控制器原名为可编程逻辑控制器，简称 PLC（Programmable Logic Controller）。20 世纪 70 年代后期，随着微电子技术和计算机技术的迅猛发展，称其为可编程序控制器，简称 PC（Programmable Controller）。但由于 PC 容易和个人计算机（Personal Computer）相混淆，故人们仍习惯地用 PLC 作为可编程序控制器的缩写。1982 年 7 月，国际电工委员会（IEC）颁布的可编程序控制器的定义为"可编程序控制器是一种数字运算操作的电子系统，专为在工业环境下应用而设计。它采用了可编程序的存储器，用来在其内部存储执行逻辑运算、顺序控制、定时、计数和算术运算等操作的指令，并通过数字的、模拟的输入和输出，控制各种类型的机械或生产过程。可编程序控制器及其相关设备都按易于与工业系统联成一个整体，易于扩充其功能的原则设计"。

1969 年，美国数字设备公司（DEC）研制出了世界上第一台可编程控制器，其型号为 PDP-14 型，并在美国最大的汽车制造公司通用汽车公司（GM）装配线上试用成功。

20 世纪 60 年代以前，自动控制的最先进的装置就是继电控制盘，其对当时的生产力发展确实发挥了很大的作用，但是有以下一些固有的缺陷：

① 这种系统利用布线逻辑来实现各种控制，需要使用大量的机械触点，系统运行的可靠性差；

② 当生产的工艺流程改变时要改变大量的硬件接线，为此要耗费许多人力、物力和时间；

③ 功能局限性大；

④ 体积大、功耗多。

为了适应生产批量小、品种多、低成本和高质量产品的市场需求，增强市场竞争力，美国通用公司提出了一种新的设计理念，即著名的"GM 10 条技术标准"，并在社会上公开招标。这 10 条技术标准是：

① 编程简单，可在现场修改程序；

② 维护方便，最好是插件式；

③ 可靠性高于继电器控制柜；

④ 体积小于继电器控制柜；

⑤ 可将数据直接送入管理计算机；

⑥ 在成本上可与继电器控制柜竞争；

⑦ 输入电压可以在 AC 115V 以上；

⑧ 输出能力为 AC 115V/2A 以上，能直接驱动电磁阀；

⑨ 在扩展时，原有系统只需要进行很小变更；

⑩ 用户程序存储器容量至少能扩展到 4KB。

随着电子技术和计算机技术的迅猛发展，集成电路体积越来越小，功能越来越强。20 世纪 70 年代初，微处理机问世，70 年代后期，微处理机被运用到 PLC 中，使 PLC 的体积大大缩小，功能大大加强。其发展经过了以下几个阶段：

第一代从第一台可编程控制器诞生到 70 年代初期。其特点是：CPU 由中小规模集成电路组成，存储器为磁芯存储器；

第二代 70 年代初期到 70 年代末期。其特点是：CPU 采用微处理器，存储器采用 EPROM；

第三代 70 年代末期到 80 年代中期。其特点是：CPU 采用 8 位和 16 位微处理器，存储器采用 EPROM、EAROM、CMOSRAM 等；

第四代 80 年代中期到 90 年代中期。PLC 全面使用 8 位、16 位微处理芯片的位片式芯片，处理速度也达到 $1\mu s$/步；

第五代 90 年代中期至今。PLC 使用 16 位和 32 位的微处理器芯片，有的已使用 RISC 芯片。

继日本、德国之后，我国于 1974 年开始研制可编程序控制器。目前全世界有数百家生产 PLC 的厂家，种类达 300 多种。PLC 无论在应用范围还是控制功能上，其发展都是始料未及的，远远超出了当时的设想和要求。

目前，PLC 的发展方向有两个。

① 朝着小型、简易、价格低廉方向发展。单片机技术的发展，促进了 PLC 向紧凑型发展，体积小，价格降低，可靠性不断提高。这种小型的 PLC 可以广泛取代继电器控制系统，应用于单片机控制和小型生产线的控制，如罗克韦尔（Rockwell）Micro800 系列、三菱 FX 系列。

② 朝着大型、高速、多功能的方向发展。大型的 PLC 一般为多微机处理系统，有较大的存储能力和功能强劲的输入/输出接口。通过丰富的智能外设接口，可以实现流量、温度、压力、位置等闭环控制；通过网络接口，可级连不同类型的 PLC 和计算机，从而组成控制范围很大的局域网络，适用于大型的自动化控制系统。

1.1.1 可编程控制器的特点及分类

1.1.1.1 可编程序控制器的特点

可编程序控制器被认为是真正的工业控制计算机，在工业自动控制系统中占有极其重要的地位，最重要的原因是它具有独特的优点。

（1）可靠性和可维护性高

PLC 采用微电子技术，大量的开关动作由无触点的半导体电路来完成，其体积小、寿命长、可靠性高，可连续工作 30 多年不出故障。PLC 还配有自检和监督功能，能检查出自身的故障，并随时显示给操作人员，还能动态的监视控制程序的执行情况，为现场调试和维护提供了方便。目前尚没有一种工业控制设备有如此高的可靠性。在 PLC 控制系统中一般出故障的是传感器、执行器等外围部件。

（2）编程方便

PLC 提供给用户的编程语句数量少，逻辑简单，一般采用梯形图编程，梯形图与继电器控制线路原理图非常接近，容易掌握。

（3）对环境要求低

可在较大的温度、湿度变化范围内工作，抗震、抗冲击的性能好，对电源电压的稳定性要求较低，抗电磁干扰能力强。

（4）与其他装置、配置连接方便

与其他装置、配置的连接都是直接利用专用拔插式接口进行的。

（5）功能强、价格低

PLC 有很强的功能，可以完成非常复杂的系统控制。与继电器-接触器控制系统相比，具有很高的性能价格比。另外，PLC 可以通过通信联网，实现分散控制，集中管理。

（6）系统设计、安装、调试工作量少

PLC 用软件功能取代了继电器-接触器控制系统中的大量继电器、定时器、计数器等，使控制柜的设计、安装、调速等工作量大大减少。在生产工艺改变后，如果要改变控制工艺过程，可以改变控制程序，而基本上不需要改变硬件接线。

（7）体积小、能耗低

小型 PLC 的体积仅相当于几个继电器的大小，因此控制柜的体积大大缩小。另外 PLC 的耗能量非常低。

表 1-1 和表 1-2 为 PLC 与计算机和继电器控制系统的比较。通过对比，更能清楚地看出可编程序控制器系统的特点。

表 1-1 PLC 与计算机的比较

比较项目	PLC	计算机
工作目的	用于机械及过程自动化	科学计算、数据管理、工业控制
工作环境	工业现场	计算机房、办公室、实验室
工作方式	顺序扫描方式	中断处理方式
表现形态	编程器和执行主机共两套计算机	没有专门的编程器
输入设备	控制开关、传感器、编程器、通信接口、其他计算机等	键盘、磁带机、磁盘机、卡片机、通信接口
输出设备	电磁开关、电动机、电磁阀、电磁继电器、报警显示器、灯、加热器，也可 CRT、打印机	CRT、打印机、穿孔机、磁带机、磁盘机
特殊措施	抗干扰措施、各种动态监测、停电保护、监控功能、更换 I/O 模块不会影响工作、易维护的结构等	掉电保护等一般措施
使用的软件	一般多用梯形图符号语言、操作系统等	汇编语言、BASIC 语言、FORTRAN 语言、Pascal 语言、C 语言等通用语言

续表

比较项目	PLC	计算机
对操作人员的要求	一般不用学习专门的语言、操作系统等	软件工作者、计算机工作者或有一定计算机专业基础的工程技术人员
其他	①机种多,I/O模块种类多,各种配件齐全,很容易构成系统; ②设计人员不用再去考虑软件问题,因此工程上的应用快、收益高; ③系统稳定可靠	

表1-2 PLC与继电器控制系统的比较

比较项目	PLC	继电器控制系统
逻辑控制	软逻辑,体积小,接线少,控制灵活	硬接线多,体积大,连线多
速度控制	由半导体电路实现控制、指令执行时间短,一般为微秒级	通过触点开关实现控制,动作受继电器硬件限制,通常超过10ms
定时控制	由集成电路的定时器完成,精度高	由时间继电器控制,精度差
设计与施工	系统设计完成后,施工与程序设计同时进行,周期短	设计、施工、调试必须按照顺序进行,周期长
可靠性与维护	无触点,寿命长,可靠性高,有自诊断功能	触点电寿命短,可靠性和维护性差
价格	昂贵	低廉

1.1.1.2 可编程序控制器的分类

随着各项技术的发展,PLC的种类也越来越多,其功能、内存容量、控制规模、外形等方面差异较大,因此分类标准也不统一,大致可分为以下三类。

(1) 按I/O点数分类

可编程序控制器按I/O点数的分类如表1-3所示。

表1-3 PLC按I/O点数分类表

类型	I/O点数/点	内存容量/KB
微型机	小于64	256~1000
小型机	65~128	1~3.6
中型机	129~512	3.6~13
大型机	513~896	13以上
超大型机	896以上	13以上

(2) 按结构形式分类

PLC按硬件结构形式可分为整体式PLC和模块式PLC。整体式PLC又称单元式或箱体式。整体式PLC是将电源、CPU、I/O接口部件都集中装在一个机箱中,其结构紧凑、体积小、价格低,一般小型PLC采用这种结构。

模块式PLC由框架或基板和各种模块组成,模块装在框架或基板的插座上。这种模块式PLC的特点是配置灵活,可根据需要选配不同规模的系统,而且装配方便,便于扩展和维修。大、中型PLC一般采用模块式结构。

(3) 按功能分类

根据 PLC 所具有的功能不同,可将 PLC 分为低档、中档、高档三类。

低档 PLC：具有逻辑运算、定时、计数、移位以及自诊断、监控等基本功能,还可有少量模拟量输入/输出、算术运算、数据传送和比较、通信等功能。主要用于逻辑控制、顺序控制或少量模拟量控制的单机控制系统。

中档 PLC：除具有低档 PLC 的功能外,还具有较强的模拟量输入/输出、算术运算、数据传送和比较、数制转换、远程 I/O、子程序、通信联网等功能。有些还可增设中断控制、PID 控制等功能,适用于复杂控制系统。

高档 PLC：除具有中档机的功能外,还增加了带符号算术运算、矩阵运算、位逻辑运算、平方根运算及其他特殊功能函数的运算、制表及表格传送功能等。高档 PLC 机具有更强的通信联网功能,可用于大规模过程控制或构成分布式网络控制系统,实现工厂自动化。

1.1.2 可编程控制器的应用场合

PLC 主要应用于以下几个方面。

(1) 数据采集

随着 PLC 技术的发展,其数据存储区越来越大。数据采集可以用计数器,累计记录采集到的脉冲数。数据采集也可用 A/D 单元,将模拟量转换成数字量。PLC 还可配置上小型打印机,也可与计算机通讯。由计算机把数据读出,并由计算机再对这些数据作处理,这时 PLC 即成为计算机的数据终端。电业部门曾用 PLC 实时记录用户用电情况,以实现不同用电时间、不同计价的收费办法,鼓励用户在用电低谷时多用电,达到合理用电与节约用电的目的。

(2) 开关量控制

可编程控制器控制开关量的能力是很强的。所控制的入出点数,少的十几点、几十点,多的几百、几千甚至几万点。由于它能联网,点数几乎不受限制,不管多少点都能控制。所控制的逻辑问题可以是多种多样的,组合的、时序的、即时的、延时的、不需计数的、需要计数的、固定顺序的、随机工作的等,都可进行。PLC 的硬件结构是可变的,软件程序是可编的,用于控制非常灵活。必要时,可编写多套或多组程序,依需要调用。它很适应于工业现场多工况、多状态变换的需要。用 PLC 进行开关量控制实例是很多的,冶金、机械、轻工、化工、纺织等等,几乎所有工业行业都需要用到它。

(3) 模拟量控制

模拟量如电流、电压、温度、压力等等,它们的大小是连续变化的。工业生产特别是连续型生产过程,常要对这些物理量进行控制。作为一种工业控制电子装置,PLC 若不能对这些量进行控制是一大不足。为此,各 PLC 厂家都在这方面进行大量的开发。目前,不仅大型、中型机可以进行模拟量控制,小型机也能进行这样的控制。

(4) 数字量控制

实际的物理量除了开关量、模拟量还有数字量。如机床部件的位移,常以数字量表示。对于数字量的控制，有效的办法是 NC，即数字控制技术。这是 50 年代诞生于美国的基于计算机的控制技术，当今已很普及，并也很完善。目前，先进国家的金属切削机床数控化的比率已超过 40%～80%，有的甚至更高。

（5）监控

PLC 自检信号很多，内部器件也很多，多数使用者未充分发挥其作用。对于一个复杂的控制系统，特别是自动控制系统，监控以至进一步能自诊断是非常必要的。它可减少系统的故障，出了故障也好查找。可提高累计平均无故障运行时间，降低故障修复时间，提高系统的可靠性。

（6）联网、通讯

可编程控制器联网、通讯能力很强，不断有新的联网结构推出。PLC 可与个人计算机相连接进行通讯，用计算机编程及对 PLC 进行控制的管理，使 PLC 用起来更方便。可组成局部网，不仅是 PLC，高档计算机、各种智能装置都可以进网。可用总线网，也可用环形网，网还可套网，网与网还可桥接。联网可把成千上万的 PLC、计算机、智能装置组织在一个网中。联网、通讯正适应了当今计算机集成制造系统（CIMS）及智能化工厂发展的需要。它可使工业控制从点（Point）到线（Line）再到面（Aero），使设备级的控制、生产线的控制、工厂管理层的控制连成一个整体，进而可创造更高的效益。这个无限美好的前景，已越来越清楚地展现在我们这一代人的面前。

事实上，可编程控制器已广泛应用于工业生产的各个领域。从行业看，冶金、机械、化工、轻工、食品、建材等等，几乎没有不用到它的。不仅工业生产用它，一些非工业过程如楼宇自动化、电梯控制也用到它，农业的大棚环境参数调控，水利灌溉也用到它。

1.2 可编程控制器的结构、原理和编程语言

1.2.1 可编程控制器内部结构

根据硬件结构的不同，可以将 PLC 分为整体式 PLC 和模块式 PLC。

（1）整体式 PLC 的结构

其主机由 CPU、存储器、I/O 接口、电源、通信接口等几大部分组成。此外根据用户需要而配备的各种外部设备（如编程器、图形显示器、微型计算机等）都可以通过通信接口与主机相连。图 1-1 为整体式 PLC 的图片，图 1-2 为整体式 PLC 的硬件结构示意图。整体式 PLC 的 CPU、I/O 接口电路、电源等装在一个箱状机壳内，结构紧凑、体积小、价格低。基本单元内有 CPU 模块、I/O 模块和电源，扩展单元内只有 I/O 模块和电源，基本单元和扩展单元之间用扁平电缆连接。整体式 PLC 一般配备有许多专用的特殊功能单元，如模拟量 I/O 单元、位置控制单元和通信单元等。

（2）模块式 PLC 的结构

大、中型 PLC 一般采用模块式结构。模块式 PLC 采用搭积木的方式组成系统，它由机架和模块组成。模块插在模块插座上，后者焊在机架的总线连接板上。机架有不同

(a) Micro850 PLC

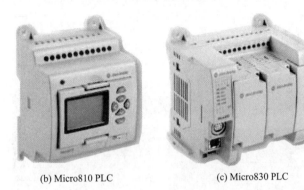

(b) Micro810 PLC　　　　(c) Micro830 PLC

图 1-1　整体式 PLC

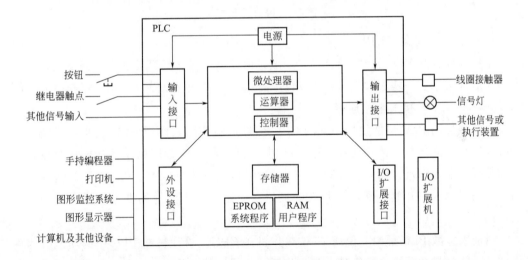

图 1-2　PLC 的硬件结构示意图

的槽数供用户选用。如果一个机架容纳不下所选用的模块，可以增加扩展机架。各机架之间用 I/O 扩展电缆连接。

用户可以选用不同档次的 CPU 及按需求选用 I/O 模块。除电源模块和 CPU 模块插在固定的位置外，其他槽可以按需要插上输入或输出模块。所插槽位不同输入或输出点的地址不同，不同型号的 PLC 及不同点数的 I/O 模块其地址号也不同，这要参考相应的用户使用手册。

① 机架　用于固定各种模块，并完成模块间通信。

② CPU 模块　CPU 模块由微处理器和存储器组成，是 PLC 的核心部件，用于整

机的控制。

③ 电源模块　供 PLC 内部各模块工作，并可为输入电路和外部现场传感器提供电源。

④ 输入模块　输入模块用于采集输入信号。分为开关量和模拟量输入模块。

⑤ 输出模块　输出模块用于控制动作执行元件。分为开关量和模拟量输出模块。输出模式大体上有三种：继电器输出、晶闸管输出、晶体管输出。

不同厂家的输入、输出模块会有所不同。

⑥ 功能模块　用于完成各种特殊功能的模块。如运动控制模块、高速计数器模块、通信模块等。

图 1-3 为模块式 PLC。

图 1-3　模块式 PLC

（3）中央处理器（CPU）

中央处理器是 PLC 的"大脑"，它一般是由控制电路、运算器和寄存器组成，这些电路一般都集中在一块芯片上。CPU 通过地址总线、数据总线和控制总线与存储单元、输入/输出（I/O）接口电路连接。

不同型号的 PLC 可能使用不同的 CPU 部件，制造厂家使用 CPU 的指令系统编写系统程序，并固化在只读存储器（ROM）中。CPU 按系统程序赋予的功能接收用户程序和数据，存入随机存储器（RAM）中。CPU 按扫描方式工作，从 0000 首地址存放的第一条用户程序开始，到用户程序的最后一个地址，不停地周期性扫描，每扫描一次，用户程序处理一次。

目前大多数 PLC 都用 8 位或 16 位单片机作 CPU。单片机在 PLC 中的功能分为两部分，一部分是对系统进行管理，如自诊断、查错、信息传送、时钟、计数刷新等，另一部分是读取用户程序、解释指令、执行输入输出操作等。

PLC 主要使用以下几类 CPU 芯片：

① 通用微处理器，如 Intel 公司的 8086，80186 到 Pentium 系列芯片；

② 单片微处理器（单片机），如 Intel 公司的 MCS51/96 系列单片机；

③ 位片式微处理器，如 AMD 2900 系列位片式微处理器。

CPU 的主要功能有以下几点：

① 从存储器中读取指令。CPU 从地址总线上给出存储地址，从控制总线上给出读命令，从数据总线上得到读出的指令，并存入 CPU 内的指令寄存器中。

② 执行指令。对存放在指令寄存器中的指令操作码进行译码，执行指令规定的操作，

如读取输入信号、读取操作数、进行逻辑运算或算数运算，将结果输出给有关部件。

③ 准备取下一条指令。CPU 执行完一条指令后，根据条件可产生下一条指令的地址，以便取出和执行下一条指令。在 CPU 的控制下，程序的指令既可以顺序执行，也可以分支或跳转。

(4) 存储器（Memory）

存储器是具有记忆功能的半导体电路，用来存放系统程序、用户程序、逻辑变量和其他一些信息。PLC 的存储器分为系统程序存储器和用户程序存储器两种。

① 系统程序存储器　用来存放制造商为用户提供的监控程序、模块化应用功能子程序、命令解释程序、故障诊断程序及其他各种管理程序。程序固化在 ROM 中，用户无法改变。

② 用户程序存储器　专门提供给用户存放程序和数据，可通过编程设备修改或增删。它决定了 PLC 的输入信号与输出信号之间的具体关系。其容量一般以字（每个字由 16 位二进制数组成）为单位。

③ PLC 程序存储器的种类

a. 随机存储器（RAM）。一般为用户存储器。读出时，RAM 中的内容不被破坏；写入时，刚写入的信息就会消除原有的信息。为防止断电后 RAM 中的内容丢失，PLC 使用了专用电池对部分 RAM 供电，这样在 PLC 断电后，它仍有电池供电，使 RAM 中的信息保持不变。RAM 中一般存放以下内容。

• 用户程序。在编程时，通过编程设备输入的程序经过预处理后，存放在 RAM 的从 0000 开始的地址区。

• 逻辑变量。在 RAM 中有若干个存储单元用来存放逻辑变量，用 PLC 的术语来说，这些逻辑变量就是指输入继电器、输出继电器、内部辅助继电器、保持继电器、定时器、计数器和位移继电器等（不同品牌的 PLC 在称谓和定义上有所不同）。

• 供内部程序使用的工作单元。不同型号的 PLC 存储器的容量是不相同的，在技术说明书中，一般都给出与用户编程和使用有关的指标，如输入继电器和输出继电器的数量、内部辅助继电器的数量、定时器和计数器的数量、允许用户程序的最大长度等。这些指标都间接地反映了 RAM 的容量，而 RAM 的容量与 PLC 的复杂程度有关。

b. 只读存储器（ROM）。一般为系统存储器。系统程序一般包括以下作用。

• 检查程序。PLC 加电后，首先由检查程序检查 PLC 各部件操作是否正常，并将检查结果显示给操作人员。

• 翻译程序。将用户键入的控制程序变换成由微机指令组成的程序，然后再执行，还可以对用户程序进行语法检查。

• 监控程序。相当于总控程序。根据用户的需要调用相应的内部程序，例如用手执编程器 PROGRAM 编程工作方式，则总控程序就调用"键盘输入处理程序"，将用户键入的程序送到 RAM 中。若选择 RUN 运行工作方式，则总控程序将启动程序。

c. 可电擦除的存储器（EPROM、E^2PROM）。用于存放用户程序，存储时间远远长于 RAM，一般作为 PLC 的可选件。图 1-4 为存储器之间的存储关系。

（5）输入/输出接口电路

输入和输出接口电路是 PLC 内弱电（Low Power）信号和工业现场强电（High Power）信号联系的桥梁。输入和输出接口主要有两个作用：一是利用内部的电隔离电路将工业现场信号与 PLC 内部进行隔离，起保护作用；二是调理信号，可以将不同的信号（如强电、弱电信号）调理成 CPU 可以处理的信号（5V、3.3V 或 2.7V 等），如图 1-5 所示。

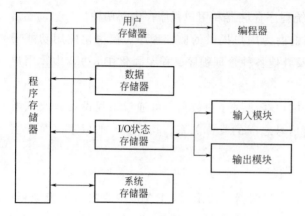

图 1-4　存储器之间的存储关系　　　　图 1-5　输入/输出接口电信号示意图

（6）A/D 转换和 D/A 转换

可编程序控制器的输入和输出信号可以是离散信号或模拟信号。

当输入信号是离散信号时，输入端的设备类型可以是限位开关、按钮、压力继电器、继电器触点、接近开关、选择开关、光电开关等。当输入信号为模拟量时，输入设备的类型可以是压力传感器、温度传感器、流量传感器、电压传感器、电流传感器、力传感器等。

当输出信号是离散信号时，输出端的设备类型可以是电磁阀的线圈、电动机的启动器、控制柜的指示器、接触器的线圈、LED 灯、指示灯、继电器的线圈、报警器和蜂鸣器等。当输出信号为模拟量时，输出设备的类型可以是流量阀、AC 驱动器（如交流伺服驱动器）、DC 驱动器、模拟量仪表、温度控制器和流量控制器。

某些输入量是连续变化的模拟量，而某些执行机构又要求 PLC 输出模拟信号，但 PLC 的 CPU 只能处理数字量，这就产生了将模拟信号转换成数字信号（A/D 转换）及将数字信号转换成模拟信号（D/A 转换）的输入输出模块。

A/D、D/A 单元也是 I/O 单元，不过是特殊的 I/O 单元。A/D 单元是把外电路的模拟量转换成数字量，然后送入 PLC。D/A 单元是把 PLC 的数字量转换成模拟量再送给外电路。作为一种特殊的 I/O 单元，它仍具有 I/O 电路抗干扰、内外电路隔离、与输入输出继电器或内部继电器交换信息等特点。它也是 PLC 工作内存的一个区，可读写。A/D 中的 A 多为电流或电压，也有的为温度。D/A 中的 A 多为电压或电流。电压、电流变化范围多为 0～5V，0～10V，4～20mA，有的还可处理正负值。

① A/D 转换器　模拟量首先被传感器和变送器转换为标准的电流或电压，通过 A/D 转换器将模拟量变成数字量送入 PLC，PLC 根据数字量的大小便能判断模拟量的大

小。如：测速发电机随着电动机速度的变化其输出的电压变化，其输出的信号通过变送器后送入 A/D 转换器，变成数字量，PLC 对此信号进行处理，便可知速度的快慢。图 1-6 为 A/D 转换的过程。

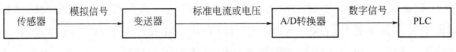

图 1-6 A/D 转换过程图

② D/A 转换器　D/A 转换器的作用是将 PLC 的数字输出量转换成模拟电压或电流，再去控制执行机构。

图 1-7 为 D/A 转换的过程。

图 1-7 D/A 转换过程图

可编程序控制器也可接收计数脉冲，频率可高达几 k 到几十 kHz。可用多种方式接收这种脉冲，还可多路接收。有的 PLC 还有脉冲输出功能，脉冲频率也可达几十 k 赫兹。有了这两种功能，加上 PLC 有数据处理及运算能力，若再配备相应的传感器，如旋转编码器或脉冲伺服装置，如环形分配器、功放、步进电机，则完全可以依 NC（数字控制技术）的原理实现各种控制。高、中档的 PLC，还开发有 NC 单元或运动单元，可实现点位控制。运动单元还可实现曲线插补，可控制曲线运动。所以，若 PLC 配置了这种单元，则完全可以用 NC 的办法进行数字量的控制。新开发的运动单元甚至还发行了 NC 技术的编程语言，为更好地用 PLC 进行数字控制提供了方便。

（7）高速计数模块

PLC 梯形图程序中的计数器的最高工作频率受扫描周期的限制，一般仅为几十 Hz。在工业控制中，有时要求 PLC 有快速计数功能，计数脉冲可能来自旋转编码器、机械开关或电子开关。高速计数模块可以对几十 kHz 甚至上百 kHz 的脉冲计数，它们大多有一个或几个开关量输出点，计数器的当前值等于或大于预置值时，可通过中断程序及时地改变开关量输出的状态。这一过程与 PLC 的扫描过程无关，可以保证负载被及时驱动。

（8）运动控制模块

这类模块一般带有微处理器，用来控制运动物体的位置、速度和加速度，它可以控制直线运动或旋转运动、单轴或多轴运动。它们使运动控制与 PLC 的顺序控制功能有机地结合在一起，被广泛地应用在机床、装配机械等场合。

位置控制一般采用闭环控制，用伺服电动机作驱动装置。如果用步进电动机作驱动装置，既可以采用开环控制，也可以采用闭环控制。模块用存储器来存储给定的运动曲线。

（9）通信模块

通信模块是通信网络的窗口。通信模块用来完成与别的 PLC、其他智能控制设备或主计算机之间的通信。远程 I/O 系统也必须配备相应的通信接口模块。

（10）人机接口

随着科学技术的不断发展以及自动化控制的需要，PLC 的控制日趋完美。许多品牌的 PLC 配备了种类繁多的显示模块和图形操作终端（人机界面）作为人机接口。在液晶画面中可以显示各种信息、图形，还可以自由显示指示灯、PLC 内部数据、棒图、时钟等内容。同时，可以配备设备的状态，使设备的运行状况一目了然。图形操作终端（人机界面）配置有触摸屏，可以在画面中设置开关键盘，只需触按屏幕即可完成操作。画面的内容可以通过专用的画面制作软件，非常简便地创建。制作过程是从库中调用、配置所需部件的设计过程。

1.2.2 可编程序控制器控制工作原理

对 PLC 来说，用户程序是通过编程器键入，并存储于用户存储器。顺序执行用户程序是 PLC 的基本工作方式，每一时刻只能执行一个指令，由于 PLC 有足够快的执行速度，以使外部结果从客观上看似乎是同时执行的。PLC 工作过程周期需要三个阶段：输入处理阶段、程序处理阶段、输出处理阶段。对用户程序的循环执行过程称为扫描。这种工作方式称为扫描工作方式。PLC 程序处理过程如图 1-8 所示。

（1）输入处理阶段

CPU 将全部现场输入信号，如按钮、限位开关、速度继电器等通/断（ON/OFF）的状态在输入处理阶段以扫描方式顺序读入，并将此状态存入输入映像寄存器，这一过程称为输入处理或扫描阶段。接着转入程序处理阶段。在程序处理期间，即使外部输入信号的状态变化，输入映像寄存器的状态也不会发生改变，这些变化只能在下一个工作周期的输入处理阶段才被读入。

（2）程序处理阶段

CPU 从 0000 地址的第一条指令开始，依次逐条执行各指令，直到执行最后一条指令。CPU 执行指令时，先从输入映像寄存器中读入所有输入端子的状态。若程序中规定要读入某输出状态，则也在此时，从元件映像寄存器读入，然后进行逻辑运算，由输出指令将运算结果存入元件映像寄存器。也就是说，元件映像寄存器中所寄存的内容，会随着程序的执行过程而变化。

（3）输出处理阶段

在所有指令执行完毕后即执行程序结束指令时，元件映像寄存器中所有输出继电器的通/断（ON/OFF）状态，在输出处理阶段转存到输出锁存电路，因而元件映像寄存器亦称为输出映像寄存器。输出锁存电路的状态，由上一个刷新阶段输出映像寄存器的状态来确定。输出锁存电路的状态，决定了 PLC 输出继电器线圈的状态，这才是 PLC 的实际输出。

PLC 重复执行上述三个阶段构成的工作周期也称为扫描周期。扫描周期因 PLC 机型而异，一般执行 1000 条指令约 20ms。完成一个工作周期后，PLC 在第二个工作周期输入处理阶段进行输入刷新，因而输入映像寄存器的数据，由每一个刷新时间 PLC

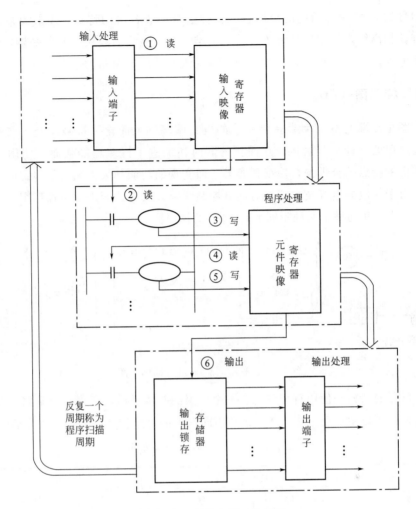

图 1-8 PLC 的扫描工作过程

输入端子的通/断状态决定。

由以上分析可知，PLC 与继电器-接触器控制的重要区别之一就是工作方式不同。继电器-接触器控制是按"并行"方式工作的，即同时执行方式工作的。只要形成电流通路，就可能有几个电器同时动作。而 PLC 采用循环扫描的工作方式，这种工作方式是在系统软件控制下，顺次扫描各输入点的状态，按用户程序进行运算处理，然后顺序向各输出点发出相应的控制信号，任一时刻它只能执行一条指令，也就是 PLC 是以"串行"方式工作的，由彼此串行的三个阶段可构成一个扫描周期，输入处理和输出处理阶段采用集中扫描方式。只要 CPU 置于"RUN"，完成一个扫描周期之后，将自动转入下一个扫描周期，反复循环地工作，这与继电气控制是大不相同的。它能有效地避免继电器-接触器控制系统中易出现的触点竞争和时序失配的问题。

1.2.3 可编程序控制器的编程语言

PLC 具有丰富的编程语言，如顺序功能图、梯形图、功能块图、指令表、结构文本，以及与计算机兼容的高级语言，如 BASIC 语言、C 语言及汇编语言等。还有一些品牌和型号的PLC有专用的高级语言。各种语言都有各自的特点，一般说来，功能越强，语言就越高级，但掌握这种语言就越困难。对于绝大多数从事电气安装或维修的技术工人及电气设计人员来说，最常用到的编程语言是梯形图和指令表。

1.2.3.1 梯形图（LD）

梯形图是在继电器-接触器控制系统的电路图基础上简化了符号而变化来的，是最直观、最简单的一种编程语言。在简化的同时还加进了许多功能强而又使用灵活的指令，将微机的特点结合进去，使编程容易，而实现的功能却大大超过了传统的电气控制电路图。由于一般的电气技术工人对继电控制线路较熟悉，而再学习梯形图编程语言就很简单了。图1-9列举了三种不同品牌PLC的梯形图。

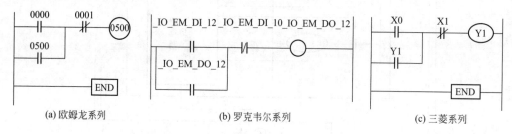

图1-9 三种不同品牌PLC的梯形图

就梯形图的结构和使用符号来看，三个厂家的基本类似，所以只要掌握一种厂家的编程方法，就可以举一反三了。表1-4是不同厂家的可编程控制器部分符号的含义。

表1-4 不同厂家部分符号的含义

公司\名称	输入端		输出端	
	动合触点	动断触点	继电器	继电器动合触点
三菱	X0	X1	Y1	Y1
罗克韦尔	_IO_EM_DI_11	_IO_EM_DI_10	_IO_EM_DO_11	_IO_EM_DO_11
欧姆龙	0000	0001	0500	0500

梯形图编程语言特别适用于开关逻辑控制。梯形图由触点、线圈和应用指令组成。触点代表逻辑输入条件，如外部的输入信号和内部参与逻辑运算的条件等。线圈一般代表逻辑输出结果，它既可以是输出软继电器的线圈，也可以是PLC内部辅助软继电器或定时器、计数器的线圈等。

【例】 图1-10(a)是一个具有自锁功能的继电器控制电路，图1-10(b)是与其对应的梯形图程序。

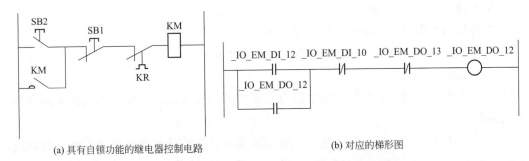

(a) 具有自锁功能的继电器控制电路　　　　(b) 对应的梯形图

图 1-10　具有自锁功能的继电器控制电路及其梯形图

图 1-10(b) 中，DI_12、DI_10、DO_12、DO_13，可称为逻辑元素或编程元素，每个输出元素及所连各逻辑元素构成一个逻辑梯级或称梯级，每个逻辑梯级内可安排若干个逻辑行连到一个输出元素上。左右侧分别有一条竖直母线（有时省略了右侧的母线）。

(1) 梯形图绘制原则

① 梯形图按从上到下、从左到右的顺序绘制。每个梯级起于左母线，终于右母线。输出元素线圈与右母线直接连接，不能在线圈与右母线之间连接其他元素，整个逻辑图形成阶梯形。

② 对电路各元件分配编号。用户输入设备按输入点的地址编号。如：启动按钮 SB2 的编号为 DI_12。用户输出设备都按输出地址编号。如：接触器 KM 的编号为 DO_12。如果梯形图中还有其他内部变量，则同样按各自分配的地址来编号。

③ 在梯形图中，输入触点用以表示用户输入设备的输入信号。当输入设备的触点接通时，对应的输入逻辑元素动作，其常开触点接通，常闭触点断开。当输入设备的触点断开时，对应的输入逻辑元素不动作，其常开触点恢复断开，常闭触点恢复闭合。

④ 在梯形图中，同一继电器的常开、常闭触点可以多次使用，不受限制，但同一元素的线圈只能使用一次。

⑤ 输入元素的状态取决于外部输入信号的状态，因此在梯形图中不能出现输入元素的线圈。

(2) 软继电器与能流

① 软继电器（又称内部线圈）　PLC 的梯形图中，主要利用软继电器的线圈（即输出元素）的吸-放功能以及触点的通-断功能来进行。PLC 内部并没有继电器那样的实体，只有内部寄存器中的每位触发器，它根据计算机对信息的存-取原理，来读出触发器的状态，或在一定条件下改变它的状态。

② 能流　想象左右两侧竖直母线之间有一个左正右负的直流电源电压（有时省略了右侧的竖直母线），电流从母线的左侧流向母线的右侧，这就是能流。

实际上，并没有真实的电流流动，而是为了分析 PLC 的周期扫描原理以及信息存储空间分布的规律。能流在梯形图中只能作单方向流动，即从左向右流动，层次的改变只能先上后下。

(3) 梯形图与继电控制线路比较

相同之处：

① 电路结构形式大致相同；
② 梯形图大都沿用继电控制电路元件符号，有的有些不同；
③ 信号输入、信息处理以及输出控制的功能均相同。

不同之处：

① 组成器件不同。继电器控制电路由真正的继电器组成，梯形图由所谓元素或软继电器组成。

② 工作方式不同。当电源接通时，继电器控制线路各继电器都处于该吸合的都应吸合，不吸合的继电器都因条件限制不能吸合。而在梯形图中，各继电器都处于周期性循环扫描接通之中。

③ 触点数量不同。继电器控制电路中的继电器触点有限，梯形图中，软继电器触点数无限。因为在存储器中的触发器状态可取任意次。

④ 编程方式不同。继电器控制电路中，其程序已包含在电路中，功能专一、不灵活，而梯形图的设计和编程灵活多变。

⑤ 联锁方式不同。继电器控制电路中，设置了许多制约关系的联锁电路，而在梯形图中，因它是扫描工作方式，不存在几个并列支路同时动作的因素，因此简化了电路设计。

1.2.3.2 指令表

PLC 的指令是一种与微机的汇编语言中的指令相似的助记符表达式，由指令组成的程序叫做指令表程序。指令表与梯形图有着完全的对应关系，两者之间可以相互转换。指令表程序较难阅读，其中的逻辑关系很难一眼看出，所以在程序设计时一般使用梯形图语言。当用手持编程器键入梯形图程序时，必须将梯形图程序转换为指令表程序，因为手持编程器不具备梯形图程序编辑功能。在用户程序存储器中，指令按序号顺序排列。

如果用便携式图形编程器或微型计算机进行编程，既可以用梯形图又可以用指令表，而且梯形图与指令表可以相互自动转换，程序写入 PLC 时，只需按"Download"（下载）即可。当然，PLC 专用编程软件是必备的。表 1-5 是不同厂家的 PLC 指令语句对比。

表 1-5　不同厂家的 PLC 指令语句对比

厂家	操作码	操作数	指令说明
三菱	LD	X0	逻辑行开始，输入继电器 X0 的常开触点接左母线
	OR	Y0	并输出继电器 Y0 的常开触点
	ANI	X1	串输入继电器 X1 的常闭触点
	OUT	Y0	输出继电器 Y0 输出
	END		程序结束
松下	ST	X0	逻辑行开始，输入继电器 X0 的常开触点接左母线
	OR	Y0	并输出继电器 Y0 的常开触点
	AN/	X1	串输入继电器 X1 的常闭触点
	OT	Y0	输出继电器 Y0 输出
	ED		程序结束

续表

厂家	操作码	操作数	指令说明
欧姆龙	LD	0000	逻辑行开始,输入继电器 X0 的常开触点接左母线
	OR	0500	并输出继电器 Y0 的常开触点
	AND-NOT	0001	串输入继电器 X1 的常闭触点
	OUT	0500	输出继电器 Y0 输出
	END	—	程序结束

1.2.3.3 顺序功能图（SFC）

这是一种位于其他编程语言之上的图形语言，用来编制顺序控制程序，顺序功能图提供了一种组织程序的图形方法。步、转换和动作是顺序功能图的三种主要元件。顺序功能图用来描述开关量控制系统的功能，根据它可以很容易地画出顺序控制梯形图程序。图 1-11 为顺序功能图的简单示意图。

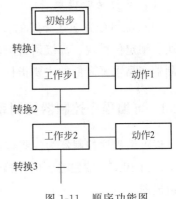

图 1-11　顺序功能图

1.2.3.4 功能块图（FBD）

这是一种类似于数字逻辑门电路的编程语言。该编程语言用类似与门、或门的方框来表示逻辑运算关系，方框的左侧为逻辑运算的输入变量，右侧为输出变量，输入、输出端的小圆圈表示"非"运算，方框被"导线"连接在一起，信号自左向右运动。图 1-12(b) 为西门子 PLC 功能块图，它与图 1-12(a) 梯形图的控制逻辑相同，图 1-12(c) 为对应的指令表。

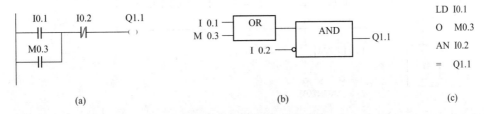

图 1-12　西门子 PLC 功能块图、梯形图及指令表

1.2.3.5 结构文本

结构文本是一种专用的高级编程语言。与梯形图相比，它能完成复杂的数学运算，编写的程序非常简洁和紧凑。

综上所述，可总结出 PLC 的主要性能指标有以下几条。

（1）输入/输出点数（I/O 点数）

I/O 点数是指可编程序控制器的外部输入端子和输出端子的总数，是衡量 PLC 硬件性能的一项重要指标。点数越多，可连接的外部设备就越多，相对能实现的功能也就越复杂。

(2) 指令条数

指令条数是衡量可编程控制器软件性能的主要指标。可编程序控制器具有的指令种类越多,说明它的软件功能越强大。

(3) 内存容量

它是指可编程序控制器内能存储的用户程序的容量。程序指令是按"步"存放的,而一条指令往往包含多步,每一步占用一个地址单元,一个地址单元一般占用两个字节。

(4) 扫描速度

扫描速度以执行 1000 步指令所需的时间来衡量,单位为 ms/千步,也有以执行一步指令的时间计算的,单位为 μs/步。

(5) 其他功能模块

PLC 除可配置上述介绍的高速计数模块和运动模块外,还可配置温度模块、位移模块、轴定位模块、高级语言编辑模块等。能配接高级功能模块的多少是衡量可编程序控制器产品水平高低的主要指标。

1.2.4 可编程序控制器控制系统组成

以可编程序控制器为控制核心单元的控制系统称为可编程序控制器控制系统。此控制系统由 PLC、编程器、信号输入部件和输出执行部件等组成。图 1-13 为 PLC 控制系统组成图。

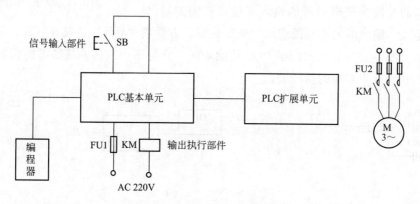

图 1-13 PLC 控制系统的组成

1.2.4.1 PLC 控制系统的组成

(1) 控制器 (PLC)

控制器是控制系统的核心,它将逻辑运算、算术运算、顺序控制、定时、计数等控制功能以一系列指令形式存放在存储器中,然后根据检测到的输入条件按存储的程序运行,再通过输出部件对生产过程进行控制。

(2) 编程器

编程器用来对 PLC 进行编程、发出命令和监视 PLC 的工作状态等。它通过通信端口与 PLC 的 CPU 连接，完成人机对话连接。

编程器的工作方式有下列三种。

① 编程方式。编程器在这种方式下可以把用户程序送入 PLC 的内存，也可对原有的程序进行显示、修改、插入、删除等编辑操作。

② 命令方式。此方式可对 PLC 发出各种命令，如向 PLC 发出运行、暂停、出错复位等命令。

③ 监视方式。此方式可对 PLC 进行检索，观察各个输入、输出点的通、断状态和内部线圈、计数器、定时器、寄存器的工作状态及当前值，也可跟踪程序的运行过程，对故障进行监测等。

目前常用的编程器有手持式简易编程器、便携式图形编程器和微型计算机编程器等。

① 手持式简易编程器。不同品牌的 PLC 配备不同型号的专用手持编程器，相互之间互不通用。它们不能直接输入和编辑梯形图程序，只能输入和编辑指令表程序。手持编程器的体积小，价格便宜，一般用电缆与 PLC 连接，常用来给小型 PLC 编程，用于系统的现场调试和维修比较方便。

MITSUBISHI FX 系列 PLC 的手持编程器为 FX-10P-E 或为 FX-20P-E。

OMRON C 系列 PLC 的手持编程器为 PRO15。

SIEMENS U 系列 S5PLC 的手持编程器为 PG615。

NAIS FP 系列 PLC 的手持编程器为 FP PROGRAMMER II。

② 便携式图形编程器。它可直接进行梯形图程序的编制。不同品牌的 PLC 其图形编程器相互之间不通用。它较手持式简易编程器体积大，其优点是显示屏大，一屏可显示多行梯形图，但由于性价比不高，使它的发展和应用受到了很大的限制。

SIEMENS PG720 可对 SIMATIC S5 和 SIMATIC S7 系列 PLC 进行编程。可使用软件 STEP 7。

③ 微型计算机编程器。用微型计算机编程是最直观、功能最强大的一种编程方式。在微型计算机上可以直接用梯形图编程或指令编程，以及依据机械动作的流程进行程序设计的 SFC（顺序功能图）方式进行编程。而且，这些程序可相互变换。这种方式的主要优点是用户可以使用现有的计算机，笔记本电脑配上编程软件，也很适于在现场调试程序。对于不同厂家和型号的 PLC，只需要使用相应的编程软件就可以了。ROCKWELL Micro800 系列常用软件为 CCW；MITSUBISHI FX 系列 PLC 的常用编程软件为 SWOPC-FXGP/WIN-C；OMRON C 系列 PLC 的常用编程软件为 SYSMAC-CPT；NAIS FP 系列 PLC 的常用编程软件为 FPWIN GR；SIEMENS S7 系列 PLC 的常用编程软件为 STEP 7 等。

（3）信号输入部件

信号输入部件用于接收系统的运行条件，并将这些条件传送给 PLC，如安装在现场的按钮、行程开关、接近开关以及各种传感器等。工程中用的最多的是上述部件，现在已有许多 PLC 能够接收温度、压力等传感器送出的模拟量，这也是 PLC 在自动控制领域迅速发展的重要因素之一。

(4) 输出执行部件

输出执行部件是在 PLC 输出驱动下控制设备的运行的部件。输出执行部件是 PLC 的直接控制对象，如安装在现场的接触器、电磁阀、继电器、指示灯、报警器等。

1.2.4.2 PLC 控制系统的特点

PLC 作为一种通用的自动控制装置，它在控制系统中具有一些独特的优点。例如，在不改变系统硬件接线的情况下，通过改变程序的办法，可改变被控对象的运行方式，这在继电-接触器控制系统中是无法实现的。PLC 所具有的这一特点大大提高了控制系统的灵活性，特别对那些需要经常改变生产工艺的自动生产线有着重大的实际意义。

> **知识拓展1　罗克韦尔可编程控制器简介**

(1) 大型控制系统

Rockwell Automation 大型控制系统可适应最严苛的应用项目需求。它们提供模块化架构以及各种 I/O 和网络选项。这些强大的控制解决方案为过程应用、安全应用和运动控制应用提供世界一流的功能。其大型可编程自动化控制器（PAC）专为分布式或监控应用项目设计，具备出色的可靠性。

① ControlLogix 控制系统　它（见图 1-14）使用具有公共开发环境的通用控制引擎，可在易用环境下提供高性能。编程软件、控制器和 I/O 模块之间的紧密集成缩短了开发时间，降低了调试和正常运行时的成本。可以在同一机架中执行标准和安全控制以获得真正集成的系统。利用高可用性和耐极端环境能力来满足应用项目的需要。

② SoftLogix 控制系统　SoftLogix 5800 控制系统（图 1-15）版本 23（Bulletin 1789）已经进入了有效且成熟的产品生命周期状态。该系统将继续销售，也将继续提供电话技术支持。但是 SoftLogix 5800 控制系统版本 23 将不再提供其他的功能增强或 PC 操作系统更新。

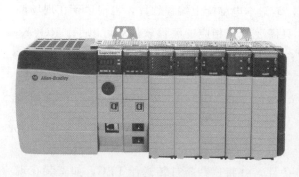

图 1-14　ControlLogix 控制系统

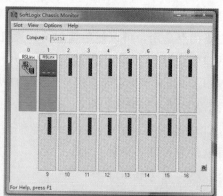

图 1-15　SoftLogix 5800 控制系统

(2) 中型控制系统

中型控制器可以为应用者提供所需要的控制功能和灵活性，不会有大系统那样的开销，是中型应用项目的完美解决方案。从基于机架的、封装模块化设计的标准和安全认证控制器中选择。典型应用项包括复杂机器控制、批处理和楼宇自动化。

① CompactLogix 控制系统　CompactLogix 和 Compact GuardLogix 控制器（图 1-16）使用具有公共开发环境的通用控制引擎，可在易用环境下提供中型应用项目控制。编程软件、控制器和 I/O 模块之间的紧密集成可减少开发时间，降低调试和正常运行时的成本。因为它在一个控制器中集成了安全、运动、离散和传动功能，其通用性可以实现将机器或安全应用项目经济实用地集成到全厂级控制系统中。包括 CompactLogix 5480 控制器、CompactLogix 5380 控制器、1769 CompactLogix 5370 控制器、CompactLogix L4x 和 L4xS 控制器、1769 CompactLogix L3x 控制器等。

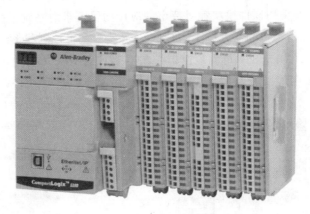

图 1-16　CompactLogix 控制系统

② 具有安全功能的 SmartGuard 600 安全控制器　Bulletin 1752 SmartGuard 600 安全控制器（图 1-17）具有 16 个标定的安全输入、8 个标定的安全输出、4 个脉冲测试源和一个可选 EtherNet/IP™ 端口。每个控制器还包含一个 DeviceNet™ 连接以支持标准 CIP 和 CIP 安全。可以在 EtherNet/IP 上、DeviceNet 上或通过内置的 USB 端口进行配置和编程。这些经济实用的小型智能控制器可以在 GuardLogix® 之间或其他 SmartGuard 安全控制器之间执行安全互锁。

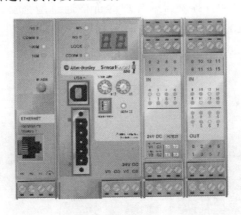

图 1-17　SmartGuard 600 安全控制器

③ SLC 500 控制器　Bulletin 1747 SLC 500 控制平台（图 1-18）适用于各种各样的

应用场合。Rockwell Automation 已宣布一些 SLC 500 Bulletin 编号的产品已停产，不再销售。建议客户升级到其更新的 CompactLogix 5370 或 5380 控制平台。

（3）小型控制系统

① Micro & Nano 控制系统　微型和纳米 PLC 可提供经济的解决方案，以满足简单机械的基本控制需求，包括继电器替换以及简单的控制定时和逻辑。这些控制器采用紧凑型封装、集成 I/O 和通信，且易于使用，是传送带自动化、安全系统以及建筑和停车场照明等应用项目的理想选择。

② Micro800 控制系统　Micro800 控制系统（图 1-19）易于安装和维护，一个软件包适用于整个产品系列，这些系统可为低成本的单机设备提供足够的控制。用户可以只购买所需的功能，并使用插件模块针对特定的应用项目需求对系统进行个性化设计，包括 Micro810 可编程逻辑控制器系统、Micro820 可编程逻辑控制器系统、Micro830 可编程逻辑控制器系统、Micro850 可编程逻辑控制器系统、Micro870 可编程逻辑控制器系统、Micro800 PLC 插件式模块等。

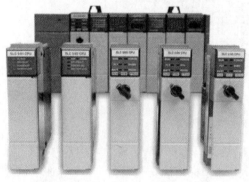

图 1-18　SLC 500 控制平台

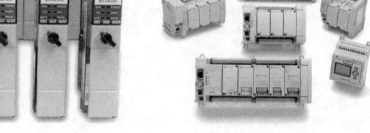

图 1-19　Micro800 控制系统

③ MicroLogix 控制系统　MicroLogix 系列（图 1-20）提供了经过验证的小型可编程逻辑控制器解决方案。MicroLogix 1200 控制器提供可处理多种应用项目的功能和选项。MicroLogix 1100 和 1400 控制器以合理的价格通过增强型网络通信扩大了应用范围，包括 MicroLogix 1100 可编程逻辑控制器系统、MicroLogix 1200 可编程逻辑控制器系统、MicroLogix 1400 可编程逻辑控制器系统等。

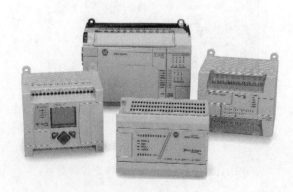

图 1-20　MicroLogix 系列

习 题

1. 什么是可编程控制器？
2. 可编程控制器的发展方向是什么？
3. 在工业控制中，PLC 主要应用在哪些方面？
4. PLC 采用什么样的工作方式？其特点是什么？
5. 简述 PLC 的扫描工作过程。PLC 扫描过程中输入映像寄存器和元件映像寄存器各起什么作用？
6. PLC 执行程序是以循环扫描方式进行的，请问每一扫描过程分为哪几个阶段？
7. 在复杂的电气控制中，采用 PLC 控制与传统的继电器控制有哪些优越性？
8. PLC 的硬件由哪些部分组成？各部分的作用是什么？
9. PLC 按 I/O 点数和结构形式可分为几类？
10. 简述 PLC 系统与继电接触器系统工作原理的差别。

项目2

Micro800系列控制器

2.1 Micro800 控制器

2.1.1 Micro800 控制器简介

Micro800 控制器设计用于经济型单机控制。根据基座中内置 I/O 点数的不同，这些经济的小型 PLC 具有不同的配置，其拥有的一系列特性足以满足不同需求。主要型号包括 Micro810、Micro820、Micro830、Micro850 及适配的附件和功能性插件。其型号含义如图 2-1 所示。

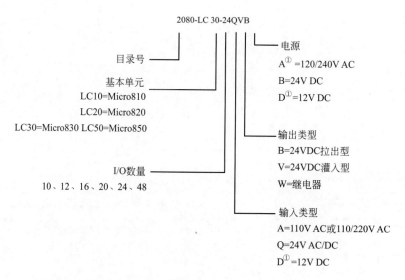

① 仅限Micro810。

图 2-1 Micro800 型号含义

Micro810 相当于一个带高电流继电器输出的智能型继电器，兼具微型 PLC 的编程功能。

Micro820 控制器专用于小型单机及远程自动化项目。其含有嵌入式以太网端口、串行端口以及用于数据记录和配方管理的 MicroSD 插槽。该系列控制器采用 20 点配置，可容纳多达两个功能性插件模块。同时支持 Micro800 远程 LCD（2080-REMLCD）模块，可轻松地配置 IP 地址等设置，并可用作简易 IP65 文本显示器。

Micro830 控制器用于单机控制的应用，具备灵活的通讯和 I/O 功能，可搭载多达五个功能性插件，并提供 10 点、16 点、24 点或 48 点配置。

Micro850 可扩展控制器用于需要更多数字量和模拟量 I/O 或更高性能模拟量 I/O 的应用，支持多达四个扩展 I/O。凭借嵌入式 10/100 Base-T 以太网端口，Micro850 控制器能够包含额外的通讯连接选件。

Micro800 系列产品能够共用编程环境、附件和功能性插件，机器制造商可对控制器进行个性化设置，使其拥有特定功能。

表 2-1 是 Micro800 各控制器属性的比较。

表 2-1 Micro800 各控制器属性比较

属性	Micro810	Micro820	Micro830				Micro850	
	12 点	20 点	10 点	16 点	24 点	48 点	24 点	48 点
通信端口	USB2.0（带 USB 适配器）	10/100Base T 以太网端口 (RJ-45) RS232/RS485 非隔离型复用串行端口	USB2.0(非隔离型) RS232/RS485 非隔离型复用串行端口				USB2.0(非隔离型) RS232/RS485 非隔离型复用串行端口 10/100 Base T 以太网端口 (RJ-45)	
数字量 I/O 点	12	19	10	16	24	48	24	48
基本模拟 I/O 通道	可将 4 个 24V DC 的数字量输入共享为 0～10V 模拟量输入（仅限直流输入型）	1 个 0～10V 模拟量输入 可将 4 个 24V DC 数字量输入配置为 0～10V 模拟量输入（仅限直流输入型），并可通过功能性插件模块	通过功能性插件模块				通过功能性插件模块和扩展 I/O	
功能性插件模块数量	0	2	2	2	3	5	3	5
最大数字量 I/O 数	12	35	26	32	48	88	132	
支持的附件或功能性插件类型	液晶显示器，带有备份存储模块 USB 适配器	Micro800 远程 LED（2080-RE MLCD） 除 2080-MEM BAK-RTC 外的所有功能性插件模块	所有功能性插件模块					
支持的扩展 I/O	—	—	—				所有扩展 I/O 模块	
电源	120/240V AC 和 12/24V DC	基本单元内置了 24V 直流电源,此外还提供可选的外部 120/240V 交流电源						
基本指令速度	每个基本指令为 2.5μs	每个基本指令为 0.30μs						
最小扫描/循环时间	<0.25ms	<4ms	<0.25ms					
软件	Connected Components Workbench							

Micro800 控制器都可以在 CCW 编程软件中，使用梯形图、功能块和结构化文本进行编程，不同型号的控制器编程性能有所区别，具体见表 2-2。

表 2-2　Micro800 控制器编程比较

属性	Micro810 12点	Micro820 20点	Micro830 10/16点	Micro830 24点	Micro830 48点	Micro850 24点	Micro850 48点
程序步数	2K	10K	4K	10K	10K	10K	10K
数据字节数	2KB	20KB	8KB	20KB	20KB	20KB	20KB
编程语言	梯形图、功能块图、结构化文本						
用户自定义功能块	有						
浮点	32位和64位						
PID回路控制	有（数量只取决于内存大小）						
串行端口协议	无	Modbus RTU 主站/从站，ASCII/二进制，CIP 串行					

Micro800 各控制器的通讯配置有所区别，Micro810 控制器只能通过 USB 端口编程，Micro830 控制器只能用 USB 端口和串行端口，Micro820 和 Micro850 控制器可以用 USB 端口、串行端口和以太网端口，但是 Micro820 控制器只有在连接远程 LCD 模块（2080-REMLCD）的情况下能用 USB 端口。具体通讯端口的配备见表 2-3。

表 2-3　Micro800 通讯端口配置

控制器	USB编程端口	串行端口，串行端口功能性插件			以太网	
		CIP 串口	ModbusRTU	ASCII/二进制	EtherNet/IP	Modbus TCP
Micro810	有（带适配器）	无				
Micro820	有（带 2080-RE MLCD）	有	主站/从站	有	有	有
Micro830	有	有	主站/从站	有	无	无
Micro850	有	有	主站/从站	有	有	有

Micro800 控制器可配置模拟量控制，包括热电偶和热电阻等，其性能比较如表 2-4 所示。

表 2-4　Micro800 控制器可配置模拟量 I/O 和热电偶/热电阻比较

属性	Micro810	Micro820	Micro830（带功能性插件）	Micro850（带扩展 I/O）
性能等级	低	低	中	高
是否与控制器隔离（提高抗干扰度）	否	否	否	否
分辨率和精度	模拟量输入:10位,5%(2%带校准)	模拟 I/O:12位,5%(2%带校准)	模拟量 I/O:12位,1%;热电偶/热电阻±1℃ 冷端温度补偿（CJC for TC）:±1.2℃	模拟量输入:14位输入,±0.1% 模拟量输出:12位输出,0.133%（电流）,0.425%（电压） 热电偶:±0.5…±3.0℃ 热电阻:±0.2…±0.6℃
输入刷新速率和滤波	刷新速率只取决于程序扫描周期，滤波措施有限	刷新速率只取决于程序扫描周期，滤波措施有限	200ms/通道,50/60Hz 滤波	所有通道 8ms,带或不带 50/60Hz 滤波
最大屏蔽电缆长度	10m			100m

表 2-5 所示为 Micro800 控制器电源的比较，使用控制器时要注意电源的匹配。

表 2-5 Micro800 控制器电源要求

控制器/模块	电源要求	
Micro810 12 点(带或不带液晶显示屏)	3W(交流模块为 5VA)	
Micro820 20 点(不带功能性插件,最大值)	5.62W	
Micro830 和 Micro850(不带功能性插件/扩展 I/O)		
10/16 点	5W	
24 点	8W	
48 点	11W	
功能性插件模块(每个)	1.44W	
扩展 I/O(系统总线功率消耗)	2085-IQ160	0.85W
	2085-IQ32T	0.95W
	2085-IA8	0.75W
	2085-IM8	0.75W
	2085-OA8	0.90W
	2085-OB16	1.00W
	2085-OV16	1.00W
	2085-OW8	1.80W
	2085-OW16	3.20W
	2085-IF4	1.70W
	2085-IF8	1.75W
	2085-OF4	3.70W
	2085-IRT4	2.00W

2.1.2 Micro800 控制器输入/输出接口电路

Micro800 控制器输入接口电路按电源类型可分为 110V 或 110V/220V 交流型、24V 直流型和 12V 直流型。

当输入器件为开关类时,常用的接线方法如图 2-2～图 2-4 所示。其中 COM 端接

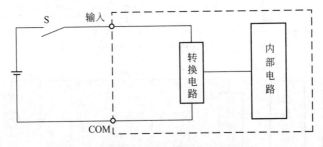

图 2-2 输入为直流电源的接线示意图一

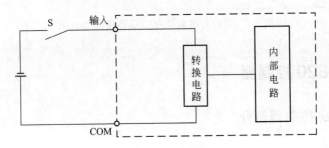

图 2-3 输入为直流电源的接线示意图二

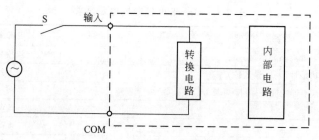

图 2-4 输入为交流电源的接线示意图

直流电源正极还是负极、接交流电源的哪一端，可根据需要自行选择。传感器输入的接线方法可参考本章 2.2.2 中 Micro820 的接线图。

输出接口电路分为灌入式、拉出式和继电器式三种。其中，灌入式和拉出式适用于直流电，继电器式适用于交/直流电。其接线方法如图 2-5～图 2-7 所示。

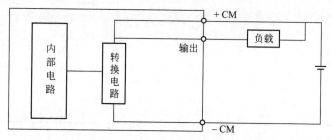

图 2-5 灌入式输出接口电路接线示意图

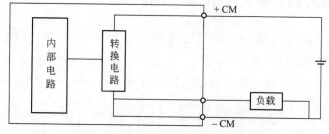

图 2-6 拉出式输出接口电路接线示意图

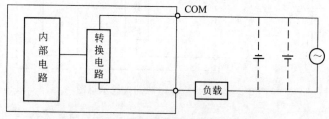

图 2-7 继电器式输出接口电路接线示意图

2.2 Micro820 控制器

2.2.1 Micro820 控制器简介

Micro820 控制器专用于小型单机及远程自动化项目，采用 20 点配置，其具体型号为：

2080-LC20-20QBB、2080-LC20-20QWB、2080-LC20-20AWB、2080-LC20-20QBBR、2080-LC20-20QWBR、2080-LC20-20AWB。

(1) Micro820 控制器的控制面板

Micro820 的面板结构图如图 2-8 所示。

图 2-9 为 Micro820 面板上状态指示灯的说明。指示灯的状态与 PLC 运行进程相对应。正常工作时，运行指示灯点亮或闪烁。如果某个强制赋值条件有效，强制赋值指示灯将持续点亮，直至所有强制赋值被清除。

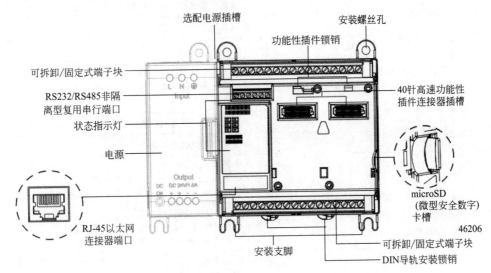

图 2-8　Micro820 的面板结构图

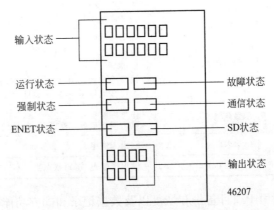

图 2-9　Micro820 面板的状态指示灯

通过指示灯的变化指示，可以判断出 PLC 的运行是否正常或出现了哪些问题。表 2-6 列举了 Micro820 状态指示灯不同显示的含义。

(2) 嵌入式 microSD（微型安全数字）卡槽

Micro820 控制器通过嵌入式 microSD 卡槽支持 microSD 卡。该设计支持类别 6 和 10 SDSC 与 SDHC microSD 卡，格式为 FAT32/16。

microSD 文件系统仅支持一个文件分区。不支持 4 类卡。

表2-6 Micro820 状态指示灯含义列表

	描述	状态	含义
1	输入状态	熄灭	输入过低
		点亮	输入已通电(终端状态)
2	故障状态	熄灭	未检测到故障
		红色	不可恢复的故障，需要循环上电
		红色闪烁	可恢复故障
3	运行状态	绿色	正以运行模式执行用户程序
		绿色闪烁(1Hz)	控制器处于编程模式
4	串行通信状态	熄灭	RS232/RS485 端口无通信
		绿色	RS232/RS485 端口正在通信 指示灯只在发送数据时闪烁 接收数据时不闪烁
5	强制状态	熄灭	不存在有效的强制赋值条件
		黄色	存在有效的强制赋值条件
6	SD 状态	熄灭 未初始化状态	• 未插入 microSD 卡 • 已插入 microSD 卡，但介质已损坏 • 已插入 microSD 卡，但文件系统已损坏
		熄灭 错误状态	• microSD 卡读取/写入失败 • 根目录中的 Configmefirst.txt 文件读取失败 • 在 CofigMeFirst.txt 中检测到错误
		点亮 空闲状态	• microSD 卡已完成初始化，但未对 SD 卡执行读/写操作 • microSD 卡读取/写入已完成
		闪烁 工作状态	正在读取/写入 microSD 卡
7	ENET 状态	常灭	未上电，无连接 设备断电，或已上电，但未建立以太网链接
		绿色闪烁	无 IP 地址 设备已上电，且已建立以太网链接，但尚未分配 IP 地址 IP 重复 设备检测到其 IP 地址正被网络中的另一个设备使用。该状态仅在启用了设备 IP 地址冲突检测(ACD)功能时适用
		绿色常亮	正常运行 以太网链接处于激活状态，且设备具备有效的 IP 地址
8	输出状态	熄灭	输出未通电
		点亮	输出已通电(逻辑状态)

microSD 卡主要用于项目备份和恢复以及数据记录和配方功能。它还可通过可选的 ConfigMeFirst.txt 文件用于组态上电设置（例如，控制器模式、IP 地址等）。

(3) 嵌入式 RS232/RS485 复用串行端口

Micro820 控制器支持嵌入式非隔离型 RS232/RS485 复用通信端口。每次只能有一个端口（RS232 或 RS485）正常工作。该端口最高支持 38.4K 的波特率。

通信端口使用一个 6 针 3.5mm 端子块，引脚定义如表 2-7 所示。

通信端口（RS232 和 RS485）都是非隔离型。端口的信号地未与控制器的逻辑地隔离。RS232 端口支持与 Micro800 远程 LCD 模块（2080-REMLCD）连接。表 2-8 为

REMLCD 至 Micro820 串口端子块的接线。

表 2-7 RS232/RS485 串行端口引脚定义

引脚	定义	RS485示例	RS232示例
1	RS485+	RS485+	(不使用)
2	RS485-	RS485-	(不使用)
3	GND	GND	GND
4	RS232输入(接收器)	(不使用)	RxD
5	RS232输出(驱动程序)	(不使用)	TxD
6	GND	GND	GND

表 2-8 REMLCD 至 Micro820 串口端子块的接线

REMLCD串口端子块			Micro820串口端子块	
信号	引脚编号		引脚编号	信号
RS232 TX	1	<----->	4	RX RS232
RS232 RX	2	<----->	5	TX RS232
RS232 G	3	<----->	6	G RS232

（4）支持嵌入式以太网

可使用任何标准 RJ-45 以太网电缆通过 10/100 Base-T 端口连接以太网。表 2-9 是 RJ-45 以太网端口引脚映射关系。

表 2-9 RJ-45 以太网端口引脚映射

触点编号	信号	方向	主功能
1	TX+	OUT	发送数据+
2	TX-	OUT	发送数据-
3	RX+	IN	接收数据+
4	—	—	—
5	—	—	—
6	RX-	IN	接收数据-
7	—	—	—
8	—	—	—

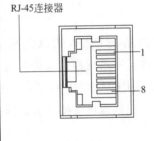

以太网端口引脚到引脚连接方式如图 2-10 所示

（5）Micro820 控制器的 I/O 配置

不同型号控制器的 I/O 配置不同，具体数据见表 2-10。

表 2-10 Micro820 控制器 I/O 数据

控制器	输入			输出			模拟量输出 0～10V DC	模拟量输入 0～10V (与直流输入共享)	支持的 PWM 数
	120V AC	120/240 V AC	24V DC	继电器	24V DC 拉出型	24V DC 灌入型			
2080-LC20-20QBB	—	—	12	—	7	—	1	4	1
2080-LC20-20QWB	—	—	12	7	—	—	1	4	1
2080-LC20-20AWB	8	—	—	7	—	—	1	4	1

续表

控制器	输入			输出			模拟量输出 0~10V DC	模拟量输入 0~10V（与直流输入共享）	支持的PWM数
	120V AC	120/240V AC	24V DC	继电器	24V DC 拉出型	24V DC 灌入型			
2080-LC20-20QBBR	—	—	12	—	7	—	1	4	1
2080-LC20-20QWBR	—	—	12	7	—	—	1	4	
2080-LC20-20AWBR	8	—	4	7	—	—	1	4	—

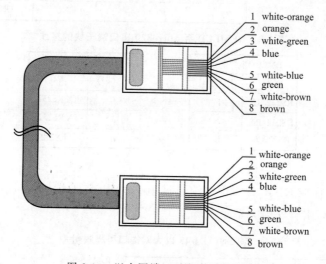

图 2-10 以太网端口引脚到引脚连接

Micro820 搭载了嵌入式以太网端口、串行端口以及用于数据记录和配方管理的 MicroSD 插槽。该系列控制器可容纳多达两个功能性插件模块。同时支持 Micro800 远程 LCD（2080-REMLCD）模块，可轻松地配置 IP 地址等设置，并可用作简易的 IP65 文本显示器。控制器还支持符合最低技术规格要求的任何 2 类 24V DC 输出电源。

2.2.2 Micro820 控制器端子配置及外部接线

（1）Micro820 控制器端子配置

控制器 2080-LC20-20AWB，2080-LC20-20QWB，2080-LC20-20AWBR，2080-LC20-20QWBR 外部端子排列如图 2-11 所示。

对于 2080-LC20-20AWB/R 型号的控制器，输入 I00~I03 要求为 24V DC，输入 I04~I11 要求为 120V AC；对于 2080-LC20-20QWB/R 型号的控制器，它的 12 个输入都要求都为 24V DC，其中 I00~I03 既可以作为数字量的输入，也可以通过组态作为模拟量的输入。O-00 为模拟量输出。

请注意以下几点：

① 输入（端子 2）和输出（端子 2 和 3）端子块上的"-DC24"端子在内部短接；

② "NU"表示该端子未使用/无连接；

③ 输入 I-00、I-01、I-02 和 I-03 由数字量和模拟量输入共用；

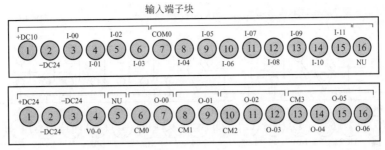

图 2-11 Micro820 控制器端子配置

④ 输入 I-00、I-01、I-02 和 I-03 只能用于灌入型输入配置中；

⑤ 直流输入型控制器可采用灌入型或拉出型输入的接线方式；

⑥ 灌入型和拉出型接线不适用于交流输入。

（2）Micro820 控制器外部接线

由于 Micro820 控制器的 I-00、I-01、I-02 和 I-03 四个点是数字量和模拟量输入共用，所以常用 I-04 之后的端子，此时应注意根据具体的输入元件确定接线方式。如接开关类，COM 端正负皆可；如接传感器类，要注意接 NPN 型时，PLC 的 COM 端接"一"；接 PNP 时，PLC 的 COM 端要接"＋"。

以 2080-LC20-20QBB 控制器的外部接线为例，如图 2-12(a)、(b) 所示。其中，图 2-12(a) 接 I-04 的传感器为 NPN 型，图 2-12(b) 接 I-04 的传感器为 PNP 型。

【例】 图 2-13 为直流电动机点动与连续运转的继电器控制原理图，如要实现用 2080-LC20-20QBB 灌入型输入的 PLC 控制，请编写输入、输出（I/O）分配表及画出外部（I/O）接线图。

过程分析：

例中虽然有三个控制电路，但根据 PLC 编程的特点，可取输入和输出点数最多的电路设计 I/O 分配表和接线图，点数少的控制电路只要改变程序即可，不需改变接线。

I/O 分配表如表 2-11 所示。接线图见图 2-14。

表 2-11 直流电动机点动与连续运转 I/O 分配表

输入设备	输入端子	输出设备	输出端子
SB1	DI06	KM	DO00
SB2	DI07		
SB3	DI08		
SA	DI04/DI05		

2.2.3 Micro800 的故障类型及故障处理

PLC 在运行过程中可能会发生两种基本类型的故障。

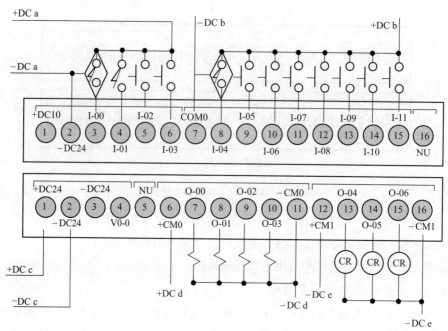

(a) 2080-LC20-20QBB直流灌入型输入外部接线

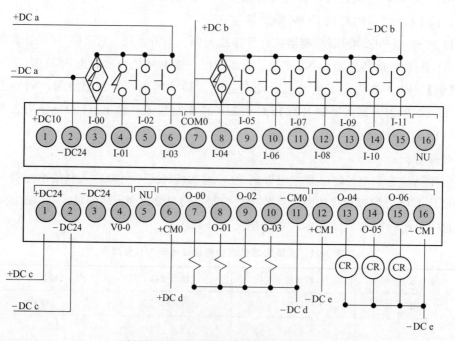

(b) 2080-LC20-20QBB直流拉出型输入外部接线

图 2-12　2080-LC20-20QBB 输入外部接线图

(1) 可恢复故障

可恢复的故障可以清除，控制器无需循环上电。发生可恢复故障时，故障 LED 闪烁红色。可执行以下操作处理故障：

① 通过 Connected Components Workbench 软件保存故障记录（可选）；

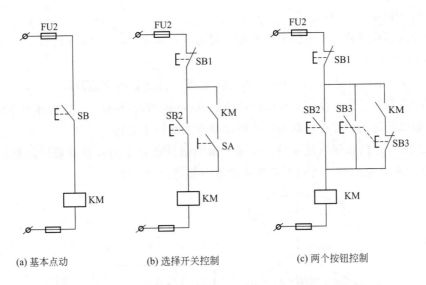

图 2-13　直流电动机点动与连续运转继电器控制电路原理图

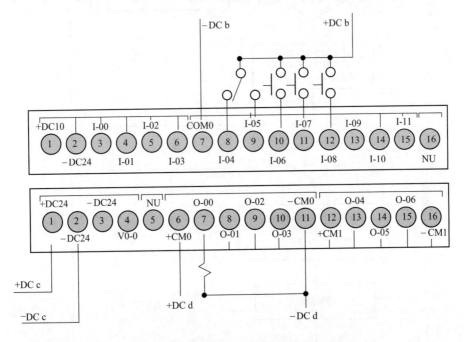

图 2-14　直流电动机点动与连续运转 PLC 接线图

② 使用 Connected Components Workbench 软件清除可恢复故障；

③ 如果问题仍然存在，联系与故障记录有关的技术支持。

（2）不可恢复故障

清除不可恢复的故障之前，控制器需要循环上电。控制器循环上电或控制器执行自动复位后，不可恢复的控制器故障可变为可恢复故障。如果控制器执行自动复位，并且故障变为可恢复，则不会记录该故障。控制器循环上电或复位后，检查 Connected Components Workbench 软件的诊断页面中的故障记录，然后清除故障。当发生不可恢复的故障时，故障 LED 指示灯呈红色常亮。可执行以下操作处理故障。

① 对 Micro800 控制器循环上电。

② 控制器故障将变为可恢复的故障。通过 Connected Components Workbench 软件保存故障记录（可选）。

③ 使用 Connected Components Workbench 软件清除可恢复故障。

④ 如果程序丢失，使用 Connected Components Workbench 软件构建和下载程序。

⑤ 如果问题仍然存在，联系与故障记录有关的技术支持。

图 2-15 所示的错误恢复模型，可用于诊断微控制器中的软件和硬件问题。此模型中提供了一些常见问题，可以对系统故障处理起到帮助作用。

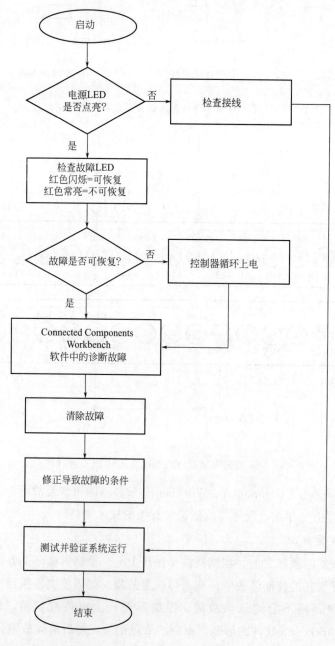

图 2-15　错误恢复模型

2.3 Micro850 控制器

2.3.1 Micro850 控制器简介

Micro850 可扩展控制器用于需要更多数字量和模拟量 I/O 或更高性能模拟量 I/O 的应用，其可以嵌入 2~5 个模块不等，支持多达四个扩展 I/O。凭借嵌入式 10/100 Base-T 以太网端口，Micro850 控制器能够包含额外的通信连接选件。

该控制器还可以采用任何一类 2 等级额定 24V 直流输出电源，如采用符合最低规格的可选 Micro800 电源模块。按照其 I/O 点数可分为两种款型：24 点和 48 点。

Micro850 控制器外观如图 2-16、图 2-17 所示，各部分具体描述见表 2-12、表 2-13。

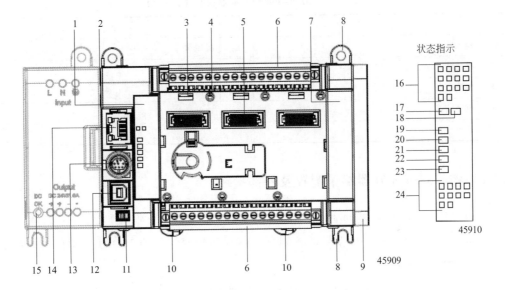

图 2-16　Micro850 24 点控制器和状态指示灯

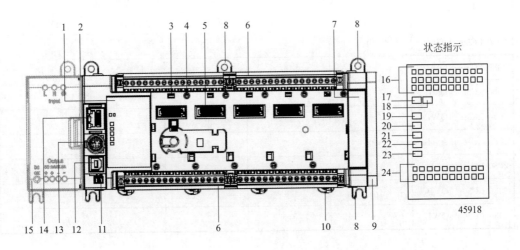

图 2-17　Micro850 48 点控制器和状态指示灯

表 2-12　Micro850 控制器面板说明

序号	说明	序号	说明
1	状态指示灯	9	扩展 I/O 槽盖
2	可选电源插槽	10	DIN 导轨安装闩锁
3	功能性插件闩锁	11	模式开关
4	功能性插件螺丝孔	12	B 类连接器 USB 端口
5	40 管脚高速功能性插件连接器	13	RS232/RS485 非隔离式复用串行端口
6	可拆卸 I/O 端子块	14	RJ-45EtherNet/IP 连接器(带嵌入式黄色和绿色 LED 灯)
7	右侧盖扳		
8	安装螺丝孔/安装支脚	15	可选交流电源

表 2-13　Micro850 控制器状态指示灯说明

序号	说明	序号	说明
16	输入状态	21	故障状态
17	模块状态	22	强制状态
18	网络状态	23	串行通信状态
19	电源状态	24	输出状态
20	运行状态		

2.3.2　Micro850 控制器端子配置及外部接线

(1) Micro850 控制器的 I/O 配置

Micro850 控制器有 8 种型号的控制器，不同型号的控制器 I/O 配置不同，控制器的 I/O 端子配置见表 2-14。

表 2-14　Micro850 控制器的 I/O 端子配置表

控制器	输入		输出		
	120V AC	24V DC/V AC	继电器型	24V 灌入型	24V 拉出型
2080-LC50-24AWB	14		10		
2080-LC50-24QBB		14			10
2080-LC50-24QVB		14		10	
2080-LC50-24QWB		14	10		
2080-LC50-48AWB	28		20		
2080-LC50-48QBB		28			20
2080-LC50-48QVB		28		20	
2080-LC50-48QWB		28	20		

(2) 24 点 Micro850 控制器 I/O 配置

图 2-18 为 2080-LC50-24QWB 控制器的输入输出端子配置。第一排 I-00～I-13 为输

入端口，第二排 O-00～O-09 为输出端口。其中 I-00～I-07 也可作为高速输入端口。

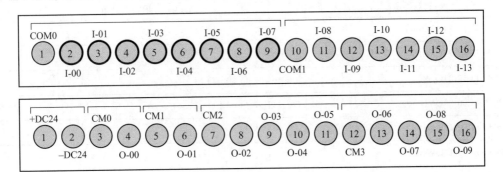

图 2-18 2080-LC50-24QWB 控制器的输入输出端子配置

(3) 48 点 Micro850 控制器 I/O 配置

图 2-19 为 2080-LC50-48AWB/2080-LC50-48QWB 控制器的输入输出端子配置。

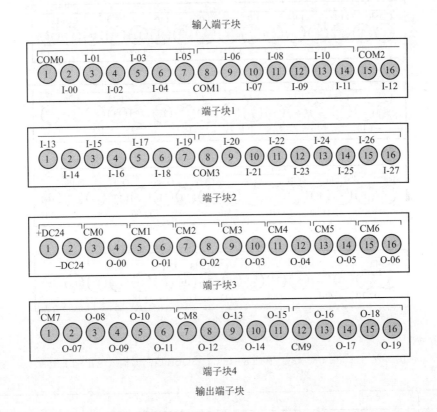

图 2-19 2080-LC50-48AWB/2080-LC50-48QWB 控制器输入输出端子配置

图 2-20 为 2080-LC50-48QVB/2080-LC50-48QBB 控制器的输入输出端子配置。

(4) Micro850 控制器接线

Micro850 控制器的输入端都是继电器式，输出端另有继电器式、灌入式和拉出式之分。以 2080-LC50-48QBB 控制器为例，具体接线如图 2-21 和图 2-22 所示。

不同型号的控制器，高速输入/输出的点不同，具体分布如表 2-15 所示。

表 2-15　Micro850 控制器高速输入/输出点配置表

控制器型号	高速输入/输出点分布
2080-LC50-24AWB	I-00～I-07
2080-LC50-24QWB	I-00～I-07
2080-LC50-24QBB	I-00～I-07、O-00～O-01
2080-LC50-24QVB	I-00～I-07、O-00～O-01
2080-LC50-48AWB	I-00～I-11
2080-LC50-48QWB	I-00～I-11
2080-LC50-48QVB	I-00～I11、O-00～O02
2080-LC50-48QBB	I-00～I11、O-00～O02

输入端子块

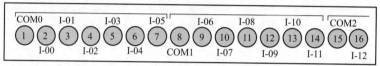

端子块1

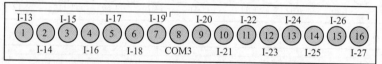

端子块2

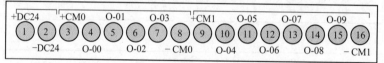

端子块3

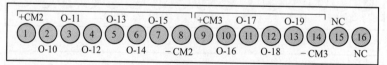

端子块4

输出端子块

图 2-20　2080-LC50-48QVB/2080-LC50-48QBB 控制器输入输出端子配置

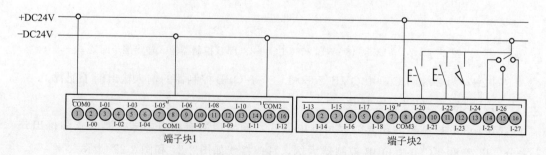

图 2-21　2080-LC50-48QBB 控制器输入端接线

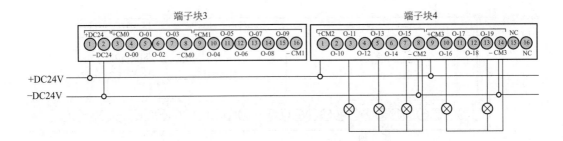

图 2-22　2080-LC50-48QBB 控制器输出端接线

【例】　图 2-23 为两台直流电动机顺序控制的继电器控制电路原理图，如要实现用 2080-LC50-48QBB 进行 PLC 控制，请编写输入、输出（I/O）分配表及画出外部（I/O）接线图。

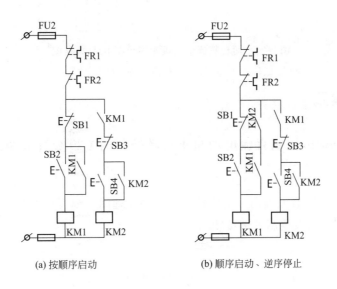

(a) 按顺序启动　　　　(b) 顺序启动、逆序停止

图 2-23　两台直流电动机顺序控制继电器控制电路原理图

过程分析：

根据控制电路，图 2-23(b) 中需要的点数较多，I/O 分配表及接线图以图 2-23(b) 编写，图 2-23(a) 的控制只需改变程序即可。I/O 分配表及接线图见表 2-16 和图 2-24。

表 2-16　两台电动机顺序控制 I/O 分配表

输入设备	输入端子	输出设备	输出端子
SB1	DI19	KM1	DO12
SB2	DI21	KM2	DO13
SB3	DI23		
SB4	DI25		

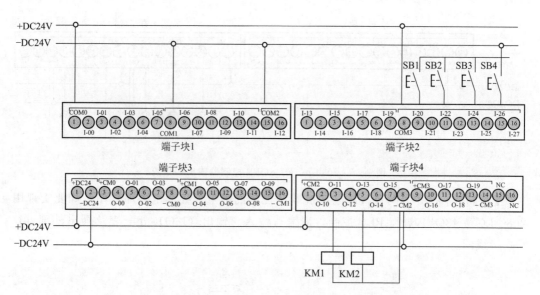

图 2-24 两台直流电动机顺序控制 PLC 接线图

2.4 项目实践

2.4.1 用 Micro820 控制直流电动机正反转控制的 I/O 分配表及外部接线

设计要求：

根据图 2-25 所示直流电动机正反转控制电路原理图，编写用 2080-LC20-20QBB 实现控制的 I/O 分配表及绘制外部接线图。

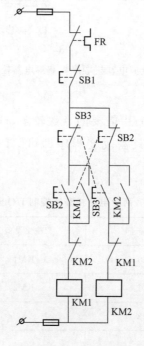

图 2-25 直流电动机正反转控制电路原理图

根据电气原理图，得到三个输入和两个输出，编写 I/O 分配表如表 2-17 所示，接线图如图 2-26 所示。

表 2-17 电动机正反转 I/O 分配表

输入设备	输入端子	输出设备	输出端子
SB1	DI06	KM1	DO00
SB2	DI07	KM2	DO01
SB3	DI08		

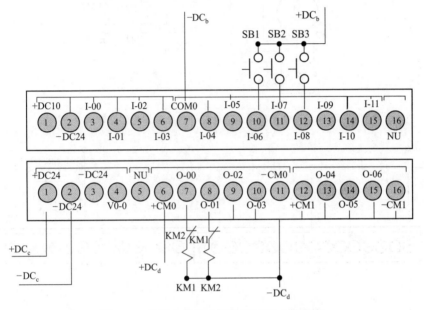

图 2-26 直流电动机正反转控制 PLC 接线图

注：本例中的电源 DC_b、DC_c、DC_d 均为同一直流电源，输入按钮和输出线圈的画法采用了制图软件中的一种绘制形式，这些都是制图时的不同画法，以供参考、对比。

2.4.2 用 Micro850 控制电动机手动星角降压启动控制的 I/O 分配表及外部接线

设计要求：

根据图 2-27 所示电动机星角降压启动的继电器控制原理图，编写用 2080-LC50-20QBB 控制的 I/O 分配表及绘制外部接线图。

由电气原理图知，此例中需控制的是交流电动机，而要求使用的 PLC 是直流输出，因此，输出端要用三个直流继电器进行转换。分析后得到两个输入和两个输出。编写 I/O 分配表如表 2-18 所示，接线图如图 2-28 所示。

表 2-18 电动机星角降压启动 I/O 分配表

输入设备	输入端子	输出设备	输出端子
SB1	DI20	KA1	DO11
SB2	DI22	KA2	DO13
SB3	DI23	KA3	DO15

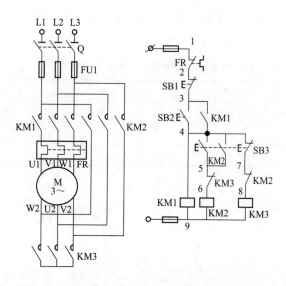

图 2-27　电动机星角降压启动的继电器控制原理图

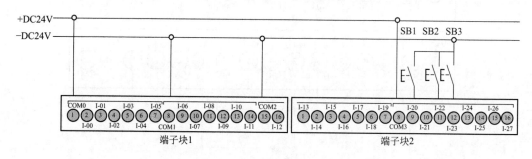

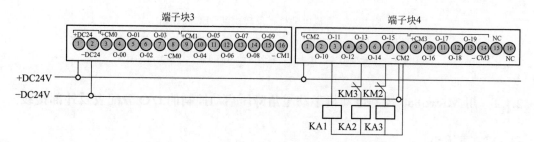

图 2-28　电动机星角降压启动 PLC 接线图

2.4.3　用 Micro820 控制三盏灯交替闪烁的 I/O 分配表及外部接线

控制要求：

控制三盏灯 L1、L2 和 L3 的交替闪烁，每盏灯亮的时长为 2s。按下启动按钮 2s 后，从 L1 开始交替闪烁，10 次后全亮，一分钟后全部熄灭。

设计要求：

根据控制要求编写用 2080-LC20-20QBB 控制的 I/O 分配表及绘制外部接线图。

控制分析：

根据控制要求，除启动按钮外，还需配置一个急停按钮，所以输入为两个。

输出对应的就是三盏灯。其中的延时和循环控制由 PLC 内部的计时器和计数实现。I/O 分配表和接线图如表 2-19 和图 2-29 所示。

表 2-19 三盏灯交替闪烁控制 I/O 分配表

输入设备	输入端子	输出设备	输出端子	对象	其他
SB1(启动)	DI06	L1	DO00	L1	计时器 1
SB2(急停)	DI07	L2	DO01	L2	计时器 2
		L3	DO02	L3	计时器 3
				全亮	计数器

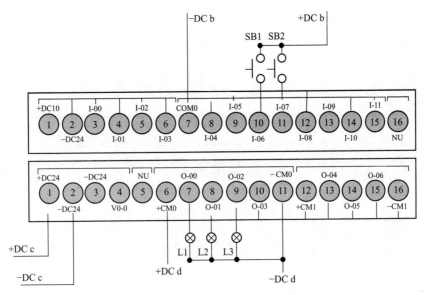

图 2-29 三盏灯交替闪烁控制接线图

2.4.4 用 Micro850 控制运料小车的 I/O 分配表及外部接线

控制要求：

按图 2-30 所示的运料小车自动循环过程设计控制方案。

小车具体运动过程为：装料小车在原点处开始装料，10s 后右行，到 SQ2 位置后卸料，停 5s 后左行至行程开关 SQ1 处，再重复上述过程。

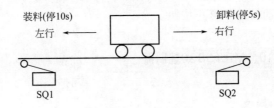

图 2-30 运料小车行程示意图

设计要求：

根据控制要求编写用 2080-LC50-48QBB 控制的 I/O 分配表及绘制外部接线图。

控制分析：

根据小车的运动过程，首先需要配置原点处的启动、中途反向启动和运行停止按钮作为输入；另外，左右的限位开关也要作为 PLC 输入。

小车的右行和左行对应电动机的正转和反转，控制直流电动机正、反转的接触器作为 PLC 的输出。

装料和卸料的时间控制由内部计时器完成。

I/O 分配表见表 2-20，接线图见图 2-31。

表 2-20　运料小车 I/O 分配表

输入设备	输入端子	输出设备	输出端子	其他	对象
SB1（正启）	DI20	KM1	DO11	计时器 1	装料（10s）
SB2（反启）	DI22	KM2	DO13	计时器 2	卸料（5s）
SB3（停止）	DI23				
SQ1（左限位）	DI24				
SQ2（右限位）	DI25				

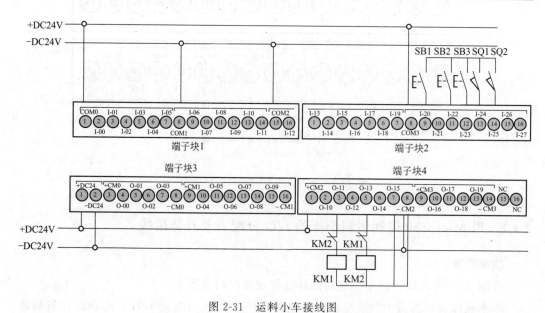

图 2-31　运料小车接线图

在编写 I/O 分配表时应注意，对于控制要求中隐含的控制条件，要自行添加。如本例中的正、反向启动按钮和停止按钮。

知识拓展2　Micro810、Micro830控制器

（1）Micro810 控制器

① Micro810 简介　Micro810 相当于一个带高电流继电器输出的智能型继电器，同时兼具微型 PLC 的编程功能。按照其 I/O 点数可以分为三种款型：12 点、18 点和 24 点。

12点控制器：2080-LC10-12QWB、2080-LC10-12AWA、2080-LC10-12QBB、2080-LC10-12DWD。

18点控制器：2080-LC10-18QWB、2080-LC10-18AWA、2080-LC10-18QBB、2080-LC10-18MWA。

24点控制器：2080-LC10-24QWB、2080-LC10-24AWA、2080-LC10-24QBB、2080-LC10-24MWA。

12点控制器的外形如图2-32所示，它是一种固定式的控制器，具体描述见表2-21。

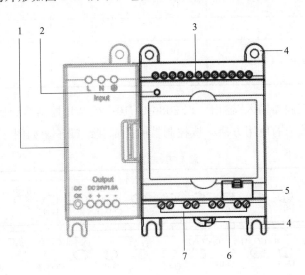

图2-32 Micro810控制器外形（12点）

表2-21 Micro810（12点）控制器硬件说明

标号	描述	标号	描述
1	电源模块	5	USB端口，仅用来插USB适配器模块
2	电源指示灯	6	DIN导轨卡件
3	输入接线端子	7	输出接线端子
4	安装孔		

Micro810控制器有12种型号，不同型号控制器的I/O配置不同，控制器的I/O数据见表2-22。

表2-22 Micro810控制器I/O数据表

控制器	输入				输出		模拟量输入 0~10V（与直流输入共用）
	120V AC	240V AC	24V DC/ V AC	12V DC	继电器	24V DC 拉出型	
2080-LC10-12QWB			8		4		4
2080-LC10-12AWA	8				4		
2080-LC10-12QBB			8			4	4
2080-LC10-12DWD				8	4		4
2080-LC10-18QWB			12		6		4

续表

控制器	输入				输出		模拟量输入 0~10V(与直流输入共用)
	120V AC	240V AC	24V DC/V AC	12V DC	继电器	24V DC 拉出型	
2080-LC10-18AWA	12				6		
2080-LC10-18QBB			12			6	4
2080-LC10-18MWA		12			6		
2080-LC10-24QWB			16			8	4
2080-LC10-24AWA	16				8		
2080-LC10-24QBB			16			8	4
2080-LC10-24MWA		16			8		

② Micro810 控制器输入/输出 以 2080-LC10-12QWB 控制器为例来介绍 Micro810 控制器输入/输出端子的使用方法。该控制器的外部接线端子图如图 2-33 所示。

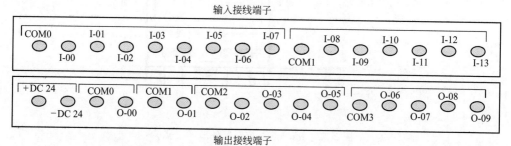

图 2-33 Micro810 控制器外部接线端子图（12 点）

此模块有 4 路数字量输出，都是继电器类型，8 路数字量输入，其中 I-04~I-07 既作为数字量输入，也作为 4 路模拟量输入，它们共用一路端子。

12 点的 Micro810 控制器不能使用 Micro800 控制器其他的嵌入式或者扩展式模块，但是它支持 USB 适配器模块和 LCD 模块，其中 LCD 模块可以作为内存备份模块。

注意：在通电的情况下，嵌入和拔出模块会产生电弧，可能会造成人身伤害或者设备损坏。所以在操作环境不安全的情况下，嵌入和拔出模块之前一定要确保断电，这样不会因为电弧造成危害。

（2）Micro830 控制器

① Micro830 控制器简介

Micro830 控制器设计用于单机控制应用。其具备灵活的通信和 I/O 功能，可搭载多达五个功能性插件，并提供 10 点、16 点、24 点或 48 点配置。

10 点控制器：2080-LC30-10QWB、2080-LC30-10QVB。

16 点控制器：2080-LC30-16AWB、2080-LC30-16QWB、2080-LC30-16QVB。

24 点控制器：2080-LC30-24QWB、2080-LC30-24QVB、2080-LC30-24QBB。

48 点控制器：2080-LC30-48QWB、2080-LC30-48AWB、2080-LC30-48QBB、2080-LC30-48QVB。

Micro830 控制器的外形如图 2-34、图 2-35 和图 2-36 所示，它是一种固定式的控制器，具体描述见表 2-23 和表 2-24。

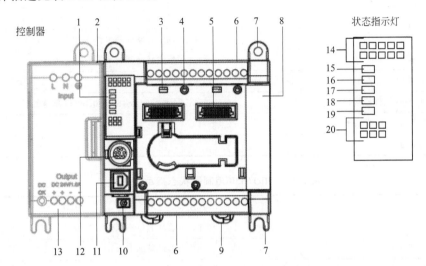

图 2-34 10\16 点 Micro830 控制器和状态指示灯

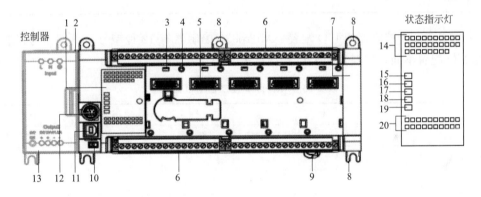

图 2-35 48 点 Micro830 控制器和状态指示灯

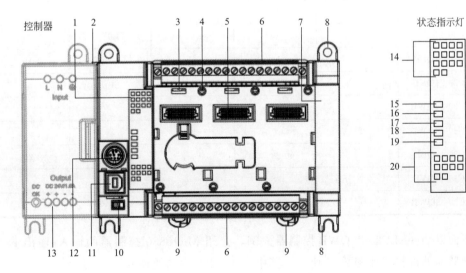

图 2-36 24 点 Micro830 控制器和状态指示灯

表 2-23　Micro830 控制器硬件说明

标号	描述	标号	描述
1	状态指示灯	8	安装孔
2	电源插槽	9	DIN 导轨安装卡件
3	嵌入式模块卡件	10	模式转换开关
4	嵌入式模块安装孔	11	USB 端口
5	40 针高速插件连接器	12	RS-232/RS485 通讯串口（非隔离）
6	可拆卸 I/O 接线端子	13	直流电源
7	边缘侧盖		

表 2-24　Micro830 控制器状态指示灯说明

标号	描述	标号	描述
14	输入指示灯	18	强制 I/O 指示灯
15	电源指示灯	19	串口通讯指示灯
16	运行指示灯	20	输出指示灯
17	故障指示灯		

② Micro830 控制器的 I/O 配置　Micro830 控制器有 12 种型号，不同型号的控制器的 I/O 配置不同，控制器的 I/O 数据见表 2-25。

表 2-25　Micro830 控制器 I/O 数据表

控制器	输入		输出		
	110V AC	24V DC/AC	继电器	24V 灌入型	24V 拉出型
2080-LC30-10QWB		6	4		
2080-LC30-10QVB		6		4	
2080-LC30-16AWB	10		6		
2080-LC30-16QWB		10	6		
2080-LC30-16QVB		10		6	
2080-LC30-24QBB		14			10
2080-LC30-24QVB		14		10	
2080-LC30-24QWB		14	10		
2080-LC30-48AWB	28		20		
2080-LC30-48QBB		28			20
2080-LC30-48QVB		28		20	
2080-LC30-48QWB		28	20		

下面以 2080-LC30-24QWB 控制器为例，介绍 Micro830 控制器的输入/输出端子。该控制器的外部接线如图 2-37 所示。其中 I-00～I07 为高速输入。

不同的控制器，高速输入/输出的点不同，具体分布如表 2-26 所示。

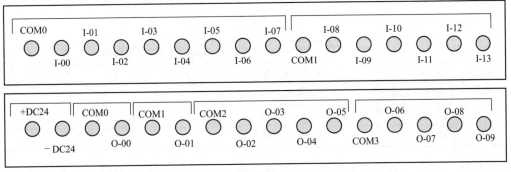

图 2-37 Micro830 控制器外部接线图

表 2-26 Micro830 控制器高速输入/输出点的分布情况

控制器型号	高速输入/输出点分布	控制器型号	高速输入/输出点分布
2080-LC30-10QWB	I-00～I03	2080-LC30-24QVB	I-00～I07、O-00～O01
2080-LC30-10QVB	I-00～I03、O-00～O01	2080-LC30-24QWB	I-00～I07
2080-LC30-16AWB	无	2080-LC30-48AWB	无
2080-LC30-16QWB	I-00～I03	2080-LC30-48QBB	I-00～I11、O-00～O03
2080-LC30-16QVB	I-00～I03、O-00～O01	2080-LC30-48QVB	I-00～I11、O-00～O03
2080-LC30-24QBB	I-00～I07、O-00～O01	2080-LC30-48QWB	I-00～I11

③ Micro800 控制器嵌入式模块　嵌入式模块不仅适用于 Micro830 控制器，还适用于 Micro800 控制器中其他系列的控制器（如 Micro850）。Micro830 控制器最少可以插 2 个嵌入式模块，最多可以插 5 个嵌入式模块。其嵌入式模块类型如表 2-27 所示。

表 2-27 Micro830 控制器嵌入式模块

类型	产品目录号	说明
数字量 I/O	2080 数字量 I/O	4～8 点 12/24V DC 数字量 I/O，具有灌入和拉出型 - IQ4、OB4、OV4、IQ4OB4、IQ4OV4
	2080-OW4I	4 点 2A 单独隔离继电器输出
模拟量 I/O	2080-IF4	4 通道模拟量输入，0～20mA，0～10V，非隔离，12 位
	2080-IF2	2 通道模拟量输入，0～20mA，0～10V，非隔离，12 位
	2080-OF2	2 通道模拟量输出，0～20mA，0～10V，非隔离，12 位
专用	2080-RTD2	2 通道热电阻温度监测输入，非隔离，±1.0℃
	2080-TC2	2 通道热电偶温度监测输入，非隔离，±1.0℃
	2080-TRIMPOT6	6 通道可调电位计模拟量输入，可为速度、位置和温度控制添加 6 个模拟量预设值
	2080-MOT-HSC	HSC 高速计数功能扩展模块（输入频率最大值 250kHz）
通讯	2080-SERIALISOL	RS-232/485 隔离型串行端口
	2080-DNET20	DeviceNet 扫描器主站/从站，用于多达 20 个节点
备份内存	2080-MEMBAK-RTC	高精度实时时钟，备份项目数据和应用项目代码

续表

类型	产品目录号	说明
第三方模块	ILX800-SMSG	短信插件模块,提供双向 SMS 短信功能
	2080SC-IF4u	通用模拟量输入模块,4通道可选电压或电流信号
	2080SC-OW2IHC	大电流继电器输出模块
	2080SC-NTC	4通道热敏电阻输入模块
	2080SC-BACNET	BACNET 通讯
	HI2080-WS	称重控制器模块

在学习 Micro830 控制器的嵌入式模块之前,先要学习一下控制器的外部电源模块。

在较小的系统中,当没有 24V DC 电源供应时,可以使用型号为 2080-PS120-240VAC 的电源模块,如图 2-38 所示为电源模块接线图。其中,PAC-1 为交流电的火线,PAC-2 为交流电的零线,PAC-3 为安全地线;DC-1 和 DC-2 为+24VDC,DC-3 和 DC-4 为-24DC,承受的最大直流电流为 1.6A。

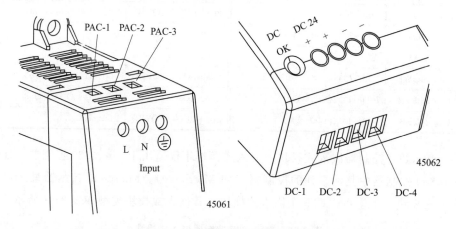

图 2-38 外部交流供电模块接线图

• 模拟量输入模块。它有两通道 2080-IF2 和四通道 2080-IF4 两种。嵌入式模块嵌入到 Micro830 控制器的 40 针嵌入式模块连接器上,嵌入模块后,用固定螺丝固定好,如图 2-39 所示。

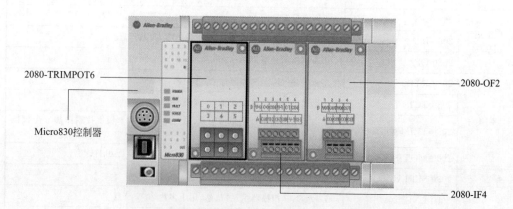

图 2-39 嵌入式模块嵌入到 Micro830 控制器

四通道模拟量输入模块 2080-IF4 的接线端子如图 2-40 所示，各个端子的具体信息如表 2-28 所示。

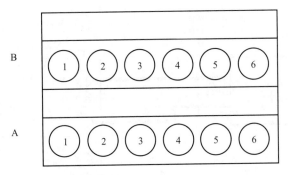

图 2-40　四通道模拟量输入模块 2080-IF4 接线端子

表 2-28　四通道模拟量输入模块的接线端子信息

端子序号	A	B
1	COM	VI-0(Voltage Input-0)
2	VI-2	CI-0(Current Input-0)
3	CI-2	COM
4	COM	VI-1
5	VI-3	CI-1
6	CI-3	COM

四通道模拟量输入的硬件属性如表 2-29 所示。

表 2-29　四通道模拟量输入的硬件属性

硬件属性	2/4 通道模拟量输入模块
模拟量额定工作范围	电压:0～10V DC　电流:0～20mA
最大分辨率	12 位(单极性),在软件中有 50Hz、60Hz、250Hz 和 500Hz
数据范围	0～65535
输入阻抗	电压终端:>220kΩ;电流终端:250Ω
模块误差超过温度范围的百分比(−20～65℃即 −4～149℉)	电压:±1.5%;电流:±2.0%
输入通道组态	通过软件屏幕组态或者通过用户程序组态
输入电路校准	无要求
扫描时间	180ms
母线隔离的输入组	无隔离
通道之间隔离	无隔离
工作温度	−20～65℃即 −4～149℉
存储温度	−40～85℃(−40～149℉)
相对湿度	5%～95%,无冷凝
操作海拔	2000m
最大电缆长度	10m

四通道模拟量输入模块的接线图,如图 2-41 所示。

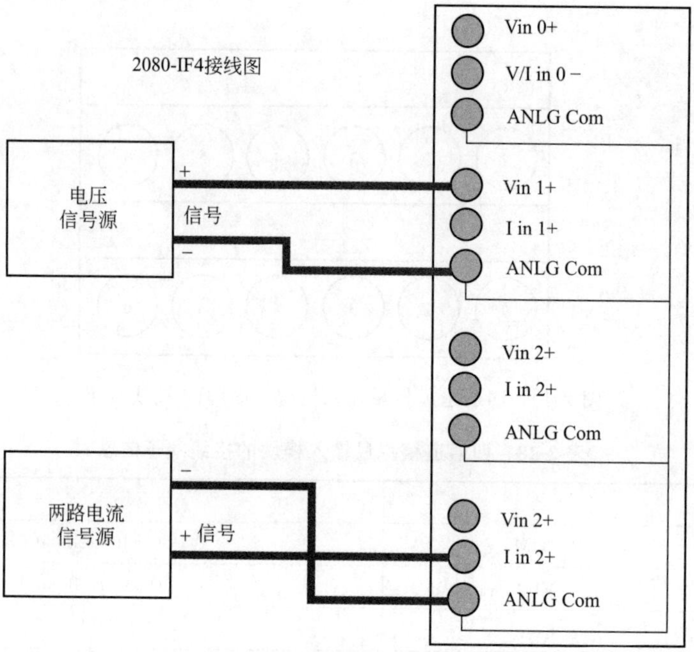

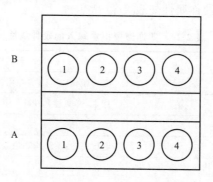

图 2-41　四通道模拟量输入模块的接线图

• 模拟量输出模块。2080-OF2 是两通道模拟量输出模块,其接线端子如图 2-42 所示,各端子的具体信息如表 2-30 所示。

图 2-42　两通道模拟量输出模块接线端子图

表 2-30　两通道模拟量输出模块的接线端子信息

端子序号	A	B
1	COM	V0-0(Voltage Onput-0)
2	COM	C0-0(Current Onput-0)
3	COM	V0-1
4	COM	C0-1

两通道模拟量输入的硬件属性如表 2-31 所示。

表 2-31 两通道模拟量输入的硬件属性

硬件属性	数据
模拟量额定工作范围	电压:10V DC;电流:0～20mA
最大分辨率	12位(单极性)
输出数据范围	0～65535
最大 D/A 转化率(所有通道)	2.5ms
达到 65% 的阶跃响应时间	5ms
电源输出的最大电流负荷	10mA
电流输出的电阻负载	0～500Ω
电压输出的负载范围	＞0～10V DC
最大电感性负荷(电流输出)	0.01mH
最大电容性负载(电压输出)	0.1μF
输出误差温度范围的百分比(−20～65℃即−4～149°F)	电压:±1.5%;电流:±2.0%
开路和短路保护	有
过电压保护	有
母线隔离的输入组	无隔离
通道之间隔离	无隔离
工作温度	−20～65℃即−4～149°F
存储温度	−40～85℃(−40～149°F)
相对湿度	5%～95%,无冷凝
操作海拔	2000m
最大电缆长度	10m

两通道模拟量输出模块的接线图如图 2-43 所示。

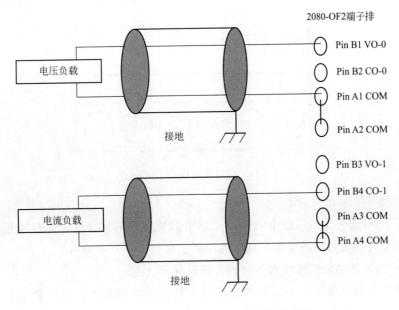

图 2-43 两通道模拟量输出模块的接线图

• 两通道热电偶模块。2080-TC2 是两通道热电偶模块。它把温度数据转换成数字量数据并将它传递到控制器中,它可以接收多达八种温度传感器的信号。可以通过 CCW 软件组态每个单独的通道,组态特定的传感器和滤波频率。

这个模块支持 B、E、J、K、N、R、S 和 T 类型的热电偶传感器。模块的通道称为通道 0、通道 1 和冷端补偿(CJC)。这个冷端补偿由模块外部的 NTC 热敏电阻提供。这个模块要用固定在模块的 A3 和 B3 螺丝上。冷端补偿是通道 0 和通道 1 共有的,提供开路、过载和低于量程的检测和指示。如果通道温度输入低于传感器正常温度范围的最小值,模块就会通过 CCW 软件中的全局变量发送一个低于量程的信号。如果通道读数高于最大值,就会发生超量程的报警。表 2-32 所示为规定的热电偶传感器类型和它们相关的温度范围。

表 2-32 热电偶传感器类型和它们相关的温度范围

热电偶传感器类型	温度范围/℃		准确性/℃		ADC 更新速率/Hz (准确度/℃)
	最小	最大	±1.0	±3.0	
B	40	1820	90~1700	<90 >1700	4.17、6.25、10、16.7(±1.0) 19.6、33、50、62、123、242、470 (±3.0)
E	-270	1000	-200~930	<-200 >930	
J	-210	1200	-130~1100	<-130 >1100	
K	-270	1370	-200~1300	<-200 >1300	
N	-270	1300	-200~1200	<-200 >1200	
R	-50	1760	40~1640	<40 >1640	
S	-50	1760	40~1640	<40 >1640	
T	-270	400	-220~340	<-220 >340	

该热电偶模块的接线端子如图 2-44 所示:

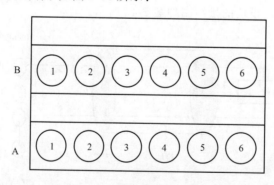

图 2-44 热电偶模块的接线端子

各端子的具体信息见表 2-33。

图 2-45 为冷端补偿的热敏电阻连接到热电偶模块上的接线图,这样连接有助于补偿热电电压在螺丝连接处的增高,同时热电偶连接到通道 0 和通道 1。

图 2-46 为现场热电偶模块和热电偶传感器的接线图。

• 两通道热电阻模块。2080-RTD2 模块支持电阻式温度检测器(RTD)测量,是数字量和模拟量的数据转换模块,并把转换数据传送到它的数据映像表。此模块支持多达 11 种的 RTD 传感器。每个通道都在 CCW 软件中单独组态，组态 RTD 的输入后，模块可以把 RTD 读数转换成温度数据。

表 2-33 两通道热电偶模块的接线端子信息

端子序号	A	B
1	CH0+	CH1+
2	CH0−	CH1−
3	CJC+	CJC−
4	无连接	无连接
5	无连接	无连接
6	无连接	无连接

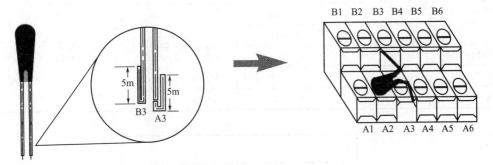

图 2-45 冷端补偿的热敏电阻连接到热电偶模块上的接线图

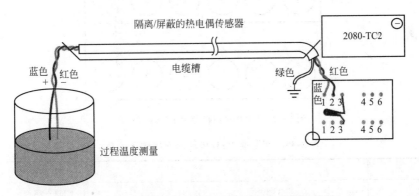

图 2-46 现场热电偶模块和热电偶传感器接线图

每个通道提供开路、短路、过载和低于范围的检测和指示。2080-RTD2 模块支持 11 种类型的 RTD 传感器。表 2-34 为传感器的类型和温度范围。它支持两线和三线类型的 RTD 传感器接线。如果通道温度输入低于传感器正常温度范围的最小值，模块就会通过 CCW 全局变量发送一个低于量程的错误。如果通道读数高于最大值，就会发生超量程的报警。

2080-RTD2 模块的接线端子如图 2-47 所示，其具体信息如表 2-35 所示。

图 2-48 为传感器连接。由于三线和四线 RTD 传感器在嘈杂的工业环境中准确性较好，所以较为常用。当使用这些传感器的时候，长度导致的额外电阻由额外的第三根线（三线制中）或额外的两根线（四线制中）进行补偿。在这个模块的两线制 RTD 传感

器中,这些电阻的补偿使用一个额外的50mm22AWG的短线提供,这些短线分别连接在通道0和通道1的A2、A3和B2、B3上。

表2-34 传感器的类型和温度范围

传感器类型	温度范围/℃		准确性/℃		ADC更新速率/Hz（准确度/℃）
	最小	最大	±1.0	±3.0	
PT100 385	−200	660	−150~590	<−150 >590	三线 4.17、6.25、10、16.7、19.6、33、50(±1.0)62、123、242、470(±3.0) 两线和三线 Cu10 4.17、6.25、10、16.7(>±1.0 <±3.0)19.6、33、50、62、123、242、470(±3.0) 两线 4.17、6.25、10、16.7(±1.0)19.6、33、50、62、123、242、470(±3.0)
PT200 385	−200	630	−150~570	<−150 >570	
PT500 385	−200	630	−150~580	<−150 >580	
PT1000 385	−200	630	−150~570	<−150 >570	
PT100 392	−200	660	−150~590	<−150 >590	
PT200 392	−200	630	−150~570	<−150 >570	
PT500 392	−200	630	−150~580	<−150 >580	
PT1000 392	−50	500	−20~450	<−20 >450	
Cu10 427	−100	260		<−70 >220	
Ni120 672	−80	260	−50~220	<−50 >220	
NiFe604 518	−200	200	−170~170	<−170 >170	

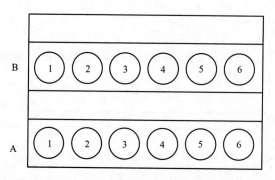

图 2-47 2080-RTD2 模块的接线端子

表2-35 两通道 RTD 模块的接线端子信息

端子序号	A	B
1	CH0+	CH1+
2	CH0−	CH1−
3	CH0L	CH1L
4	无连接	无连接
5	无连接	无连接
6	无连接	无连接

图2-49为RTD模块和RTD传感器在现场的连接图。RTD的传感元件应该总是连接在通道1的B1(+)和B2(−)端子之间,以及通道0的A1(+)和A2(−)端子之间。B3和A3端子则应该分别短接到B2和A2,来完成电流回路。不正确的接线将导致错误的读数。

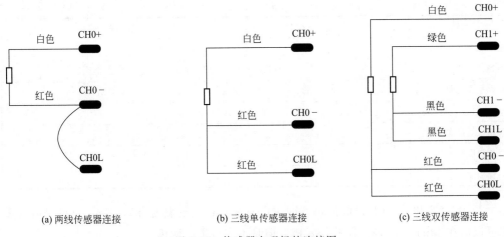

(a) 两线传感器连接   (b) 三线单传感器连接   (c) 三线双传感器连接

图 2-48 传感器在现场的连接图

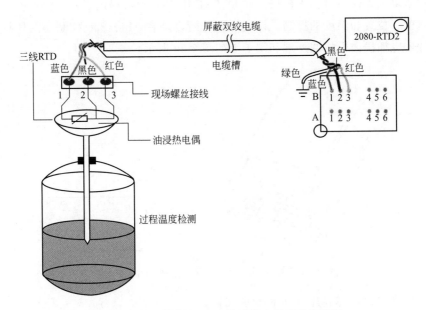

图 2-49 RTD 模块和 RTD 传感器在现场的连接图

表 2-36 为模块 2080-TC2 和 2080-RTD2 模块硬件属性。

表 2-36 2080-TC2 和 2080-RTD2 模块硬件属性

属性	2080-RTD2	2080-TC2
安装扭矩	0.2Nm(1.48lb-in)	
终端螺杆扭矩	0.22~0.25Nm(1.95~2.21li-in)使用 2.5mm 的平口螺丝刀	
线型	0.14~1.5mm²(26~16AWG)刚性铜线或者 0.14~1.0mm²(26~17AWG)刚性铜线	
输入阻抗	>5MΩ	>300kΩ
共模抑制比	100dB 50/60Hz	
常模抑制比	70dB 50/60Hz	
分辨率	14 位	
CJC 错误	—	±1.2℃

续表

属性	2080-RTD2	2080-TC2
准确性	±1.0℃	
通道	2 非隔离	
短路检测时间	8~1212ms	8~1515ms
功率消耗	3.3V 40mA	
环境空气最大温度	65℃	
工作温度	-20~65℃	
存储温度	-40~85℃	

2080-TC2 和 2080-RTD2 模块帮助用户通过 PID 实现温度自动控制。这两个嵌入模块可以插在 Micro830 控制器的任意槽,但是不支持带电插拔。

- 六通道预置模拟量输入模块。2080-TRIMPOT6 模块提供了 6 个模拟量预置通道用于对速度、位置和温度的控制。该嵌入模块可以插在 Micro830 控制器的任意槽,但是不支持带电插拔。模块的外观和端子图如图 2-50 所示。

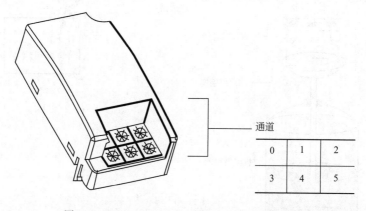

图 2-50 2080-TRIMPOT6 模块的外观和端子图

表 2-37 为 2080-TRIMPOT6 模块的属性。

表 2-37 2080-TRIMPOT6 模块的属性

硬件属性	数值	硬件属性	数值
数据范围	0~255	相对湿度	5%~95%,无冷凝
工作温度	-20~65℃(-4~149℉)	操作海拔	2000m
存储温度	-40~85℃(-40~149℉)		

习 题

1. PLC 输出接口电路有哪几种常见的形式?分别适用于什么类型电源?
2. Micro800 常用的输入/输出接口有哪几种?分别适用于什么类型电源?

3. 简述 2080-LC20-20QBB 和 2080-LC50-48QBB 这两种 PLC 型号的含义。

4. 简述 2080-LC20-20QWB 和 2080-LC50-24AWB 型号的含义。

5. 根据以下不同的控制要求，画出用 2080-LC50-48QBB 实现控制的 I/O 对照表和外部接线图。

① 控制三台点动机顺序启动：启动顺序为 M1、M2、M3；停止顺序为 M3、M2、M1。

② 控制一台电动机正反转运行：按下启动按钮 3s 后正转，10s 后反转；按下停止按钮 5s 后停车。

③ 控制四盏灯的亮灭；按下启动按钮后 L1 和 L3 亮，再按下启动按钮后 L2 和 L4 亮；第三次按下启动后 L1 和 L2 灭；第四次按下启动后 L3 和 L4 灭。

6. 根据以下不同的控制要求，画出用 2080-LC20-20QBB 实现控制的 I/O 对照表和外部接线图。

① 控制电动机星角降压启动：按下启动按钮，电动机星形启动；10s 后角形运行；按下停止按钮 1，电动机立刻停止；按下停止按钮 2，电动机 1min 后停止；按下停止按钮 3，电动机停止 2min 后再启动。

② 控制工作台自动往复运动：按下启动按钮，工作台向右运行；至传感器 1 处停 2s 后继续向右运行；至传感器 2 处停 3s 继续向右运行；至行程开关 1 处停止并向左运行；运行到左侧行程开关处返回；重复上述运动。

③ 控制机械手的运动：机械手初始停于原点，按下启动按钮后张开；张开到极限位置下降；下降到指定位置处夹紧；夹紧后上升；上升回到原点后右行；右行到指定位置下降；下降到指定位置松开货物；松开结束后上升；上升到指定位置左行；左行到原点处停止。

项目3

CCW编程软件的使用

软件 Connected Components Workbench（CCW）是 Micro800 系列控制器的程序开发软件，在这个软件中，不仅可以组态 Micro800 控制器，还可以组态触摸屏和变频器等。Micro800 控制器编程软件对系统的基本要求如表 3-1 所示。

表 3-1 CCW 软件对电脑操作系统的要求

操作系统	要求	硬件要求
Microsoft Windows 2008 R2	32 位或 64 位均可安装	最低配置：Intel 奔腾 3 处理器,2GB 内存,3GB 可用硬盘空间
Microsoft Windows 7	32 位或 64 位均可安装	推荐配置：Intel 奔腾 4 处理器,4GB 内存,4GB 可用硬盘空间

5.0 版本之前的版本，可以在 Microsoft Windows XP SP3 之后的版本安装，而 5.0 版本开始要求在 Microsoft Windows 7 系统上安装。

3.1 创建 CCW 新项目

3.1.1 编程软件的安装和卸载

在安装 Micro800 控制器编程软件 CCW 之前，请确保电脑系统满足表 3-1 所示的要求。安装步骤如下。

① 打开安装文件，找到如图 3-1 所示图标，双击即可；

图 3-1 编程软件安装图标

② 双击安装图标后，弹出的对话框提供可以选择安装软件时的说明语言；
③ 点击继续，弹出选择版本的对话框，选择典型版本，点击"下一步"；
④ 在弹出的对话框输入用户信息（用户名：Rockwell Automation，Inc；组织：Rockwell Automation，Inc），点击"下一步"；
⑤ 在弹出的对话框中选择接受，点击"下一步"；
⑥ 在弹出的对话框中单击安装，如果需要可以更改安装路径；

⑦ 安装完成后，会提示安装完成，点击"完成"即可。

软件卸载时，进入控制面板，将其中的 Connected Components Workbench、ControlFLASH、Rockwell Automation USBCIP Driver Package、Rockwell Windows Firewall Configuration Utility、RSLinx Classic 进行删除。在弹出的对话框中直接点击"确定"即可。

3.1.2 RSLinx 中的 USB 通信

将 USB 电缆分别连接到控制器和电脑的 USB 接口上，当控制器第一次和电脑连接时，连接后会自动弹出安装 USB 连接驱动窗口，选择第一个选项，点击下一步。USB 安装成功后，在开始菜单中的所有程序中找到 Rockwell Automation/CCW/Connected Components Workbench，点击进入软件。

在 Catalog 中选择所使用的 PLC 型号：2080-LC50-24QBB，然后双击控制器图标。点击右上方的 Connect 按钮，弹出图 3-2 所示的连接对话框，找到要连接的控制器型号，这里选择 Micro850 控制器。点击 OK 即可对事先准备好的 2080-LC50-24QBB 控制器进行连接。

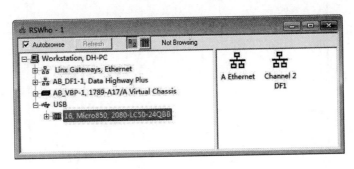

图 3-2　选择要连接的控制器

3.1.3 刷新 Micro800 固件

如果计算机上安装了 CCW 软件，将通过最新的 Micro800 固件安装或更新 ControlFLASH。

① 使用 RSWho 确认通过 USB 与 Micro800 控制器建立 RSLinx Classic 通信。
② 启动 ControlFLASH 软件并单击"下一步"。
③ 选择需要更新的 Micro800 控制器的产品目录号并单击"下一步"，如图 3-3 所示。
④ 在浏览窗口中选择控制器，然后单击"OK"，如图 3-4 所示。
⑤ 单击"下一步"继续，并确认所要升级的版本。单击"完成"，如图 3-5 所示。
⑥ 单击"是"启动更新，如图 3-6 所示。
⑦ 快速更新完成后，弹出更新完成对话框，如图 3-7 所示，单击"OK"完成更新。

图 3-3　选择要更新的产品目录号

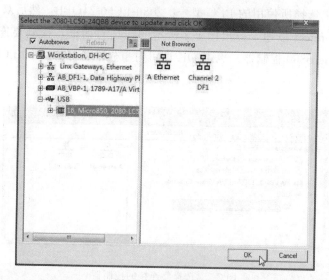

图 3-4　选择控制器

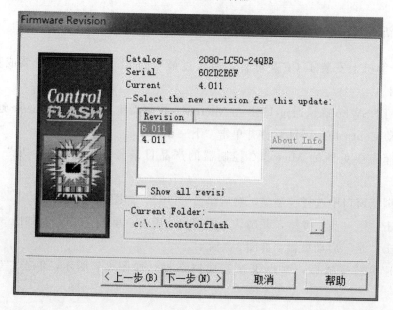

图 3-5　确认固件版本

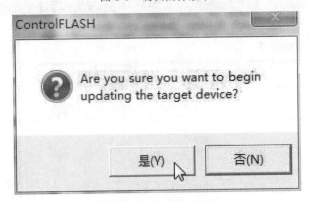

图 3-6　启动更新

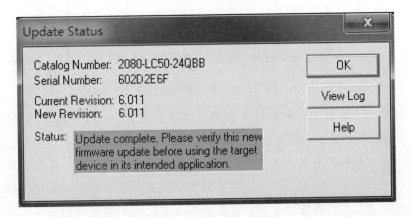

图 3-7　更新完成对话框

3.1.4　创建 CCW 新项目

创建 CCW 软件新项目步骤如下。

① 打开 CCW 软件，按照下面所示的路径打开软件：开始→所有程序→Rockwell Automation→CCW→Connected Components Workbench。

软件打开后，显示的是一个新建项目的界面，如图 3-8 所示，整个界面可以分为三部分，左边是 Project Organizer（项目组织器）窗口，在 Project Organizer 窗口中显示建立项目所选择的控制器及项目中建立的变量和编写的程序，并可以对控制器及其程序和变量进行编译、删除等操作。中间为工作区和输出窗口，在工作区中显示编写的程序或者要组态的控制器，输出窗口可显示编译程序后的提示信息。右边为 Device Toolbox（设备工具箱）和 Toolbox（指令工具箱）窗口，上面为 Device Toolbox 窗口，这里的设备包括 Controller（控制器）、Expansion Modules（扩展模块）、Drives（变频器）、Safety（安全）、Motor Control（电机控制）和 Graphic Terminals（触摸屏）几部分，打开相应的菜单可以选择相应的设备；下面为 Toolbox 窗口，为建立的项目选择了控制器以后，编写程序时这里会显示可用的指令，只需把指令拖拽到工作区的编程区域就可以使用。

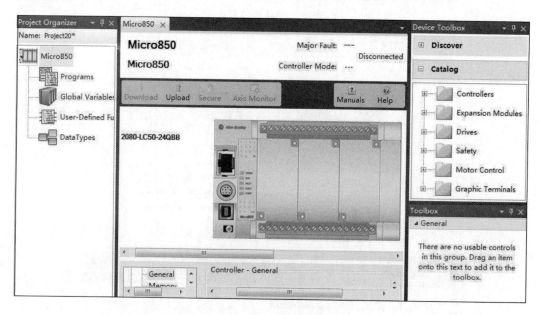

图 3-8　CCW 新建项目界面

② 要建立一个项目，首先要打开右边的设备工具箱，并打开其中的控制器菜单，选择所需要的控制器型号，这里选择 2080-LC50-24QBB。

③ 在选定的控制器上双击或直接把控制器拖拽到项目组织器，弹出版本选择的界面，如图 3-9 所示，在 Major revision 中选择控制器的主版本号，单击"OK"，项目组织器如图 3-10 所示。这样就建立了一个基于 Micro850 控制器的项目。

④ 该项目的名称显示在项目组织器窗口的名称字段中。

⑤ 点击保存按钮，将项目保存，新建的项目默认保存在 C:\Documents and Settings\Administrator\My Documents\CCW 文件夹下。

这样就完成了一个新项目的创建。

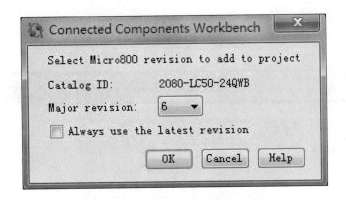

图 3-9　版本选择界面

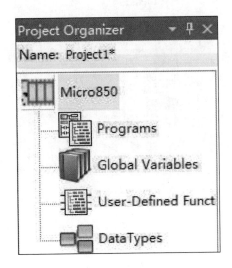

图 3-10　项目组织器窗口

3.2　CCW 程序上传、下载和调试

3.2.1　CCW 程序上传

在下载程序之前，首先要建立编程电脑和控制器之间的通讯。这里使用 USB 电缆建立通讯。把 USB 电缆分别连接到控制器和电脑的 USB 接口上。

打开创建的项目，在项目组织器窗口中双击控制器图标。打开控制器组态窗口，如图 3-11 所示，点击图右上方的连接按钮，找到要连接的控制器型号，这里选择 Micro850 控制器，点击"OK"即可。

在项目组织器中，右键单击控制器图标，选择 Upload（上传），如图 3-12 所示。选择上传项目以后，会弹出一个对话框，询问是否通过上传来替换当前的项目，选择 Yes，项目上传完成后，在软件的工作区输出窗口会弹出信息，提示上传完成。在项目组织器窗口中可以看到上传的项目。

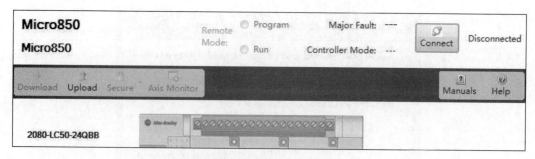

图 3-11 连接控制器与计算机

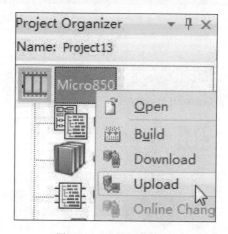

图 3-12 选择上传项目

3.2.2 CCW 程序下载

控制器连接电脑以后，组态界面显示如图 3-13 所示，Disconnect（断开连接）的按钮为活动状态，同时可以改变控制器的状态，其状态有两种：Run（运行）和 Program（编程）。

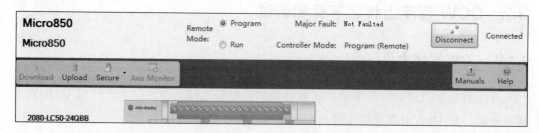

图 3-13 控制器连接电脑完成后的组态界面

连接控制器以后，可以看到在图 3-13 中左边的下载按钮没有处于活动状态，而只有上传按钮处于活动状态。这是因为在下载项目之前要先对项目编译并保存，在项目组织器窗口中，右键单击控制器图标，选择 Build（编译）选项，如图 3-14 所示开始编译项目。编译完成后，点击软件左上角的保存按钮，保存编译后的项目。

保存完成后在项目组织器窗口中右键单击控制器图标，选择下载选项，如图 3-15 所示，也可以在组态窗口中直接选择下载按钮，如图 3-16 所示。项目下载过程中，组态界面会显示项目正在下载。下载完成后，会弹出对话框，提示下载完成，并询问是否进入运行状态，用户可以根据需要自行选择。

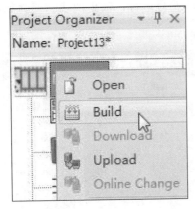
图 3-14 编译项目

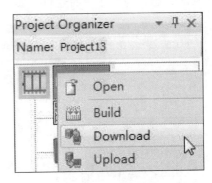
图 3-15 下载项目

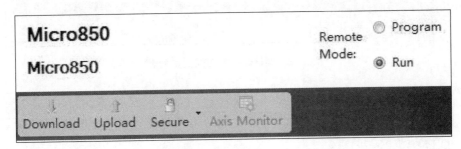
图 3-16 下载项目按钮

3.2.3 CCW 程序调试

在调试程序之前，首先要确定程序处于运行状态，即控制器处于运行模式。然后从主菜单中的调试下拉菜单中选择 Start Debugging（启动调试），如图 3-17 所示。开始调试后，打开全局变量列表，可以给变量设定强制值，如图 3-18 所示。要强调的是在调试程序之前，一定要确保程序已经被编译通过，并且保存，否则开始调试的选项将不可用。

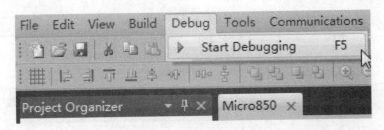
图 3-17 选择启动调试按钮

此时编程人员可以对项目中的变量强制赋值，在没有 I/O 被强制的情况下，可以看到除了 DO_00 和 DO_05 为真以外，其他变量都为假。打开全局变量列表，如图 3-18 所示，可以看到 DO_00 和 DO_05 的逻辑值和物理值选项均被勾选，与程序中的状态一致。要测试程序，就要强制程序中的一些变量，在强制变量之前，必须先把变量锁定，在图 3-18 中，有一列为锁定列，在该列中选定变量就可以对变量进行强制给值。例如：想要强制 DIO，则做图 3-19 所示的选择。此时程序就会运行，输出的状态变为如图 3-20 所示的状态。与程序中的逻辑一致。

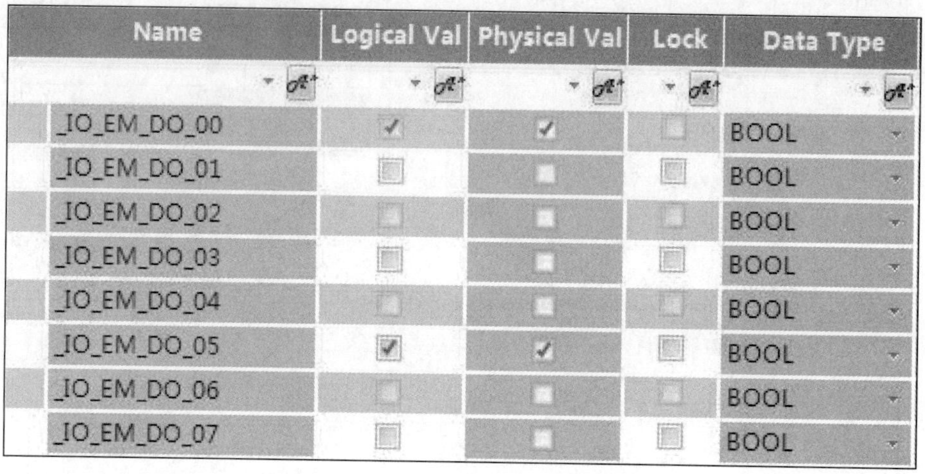

图 3-18 调试状态的全局变量列表

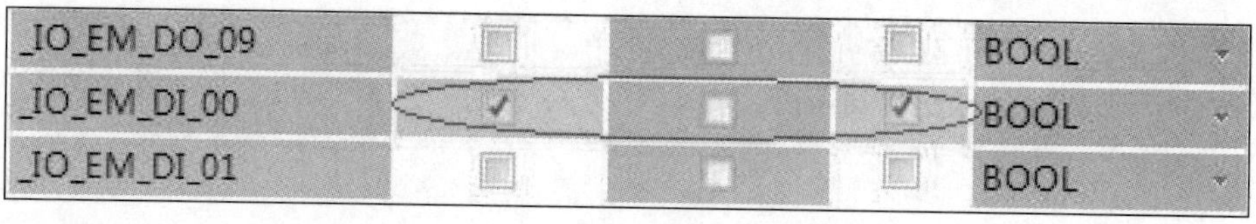

图 3-19 强制 DIO 变量

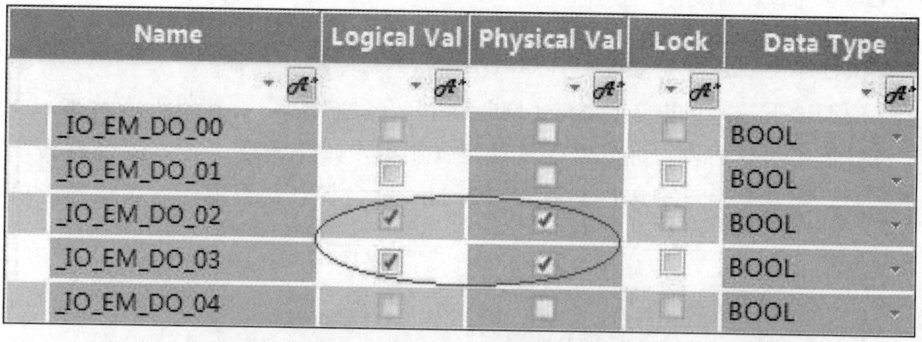

图 3-20 输入变量强制后的输出值

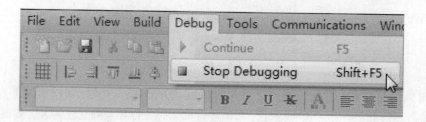

图 3-21 停止程序调试工作

想要释放被强制的变量，只需要对变量解锁就可以。用这种方法完成对程序的调试后，就可以停止调试了。在主菜单中，调试菜单的下拉菜单中选择 Stop Debugging（停止调试），停止对程序的调试工作。如图 3-21 所示。

至此完成了整个程序的调试步骤。

3.3 CCW 程序导出、导入

当有多个项目需要使用相同的功能时，为了避免重复工作，编程人员可以把现有的程序从项目中导出，然后再导入到其他的项目中。下面介绍程序的导入和导出方法。

3.3.1 CCW 程序导出

在项目组织器窗口中，选择已经建立的程序，右键单击，选择 Export（导出），如图 3-22 所示。

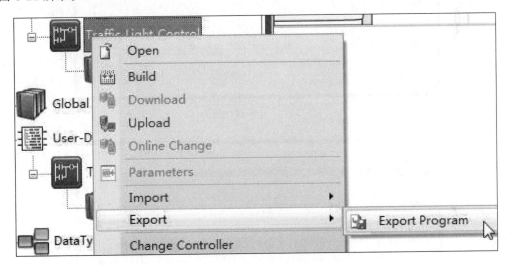

图 3-22　导出程序

选择导出程序后，弹出如图 3-23 所示的窗口，这里可以选择只导出变量，也可以选择全部导出，还可以对导出的文件加密。这里选择全部导出，并对文件加密。然后点击下面的导出按钮，在弹出的对话框中可以改变导出文件的路径和名字。这里把导出文件保存到桌面，并命名为 Traffic_Light_Control。

导出文件成功后，会在软件工作区的输出窗口中提示导出完成，并显示导出文件的位置和名字。

3.3.2 CCW 程序导入

下面把导出的程序导入到一个新的项目中。首先打开一个新的项目，在程序图标处右键单击，选择 Import（导入），类似导出操作。选择后弹出如图 3-24 所示的导入程序窗口，在窗口中可以选择要导入的内容。可以只导入主程序或者只导入功能块程序，也

图 3-23 导出程序窗口

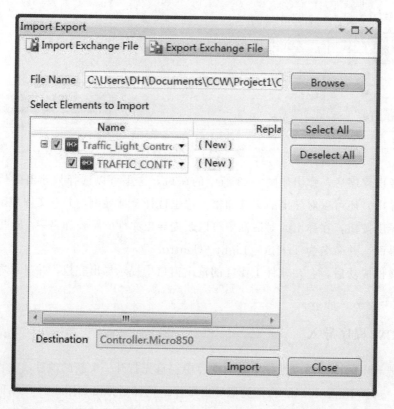

图 3-24 导入程序文件窗口

可以全部导入。单击浏览按钮，选择要导入的文件，选择打开。然后点击导入文件窗口下方的导入按钮，就可以导入文件了，由于在导出文件的时候对文件设定了密码，所以在点击浏览按钮，选择要导入的文件时需要输入文件密码，在密码输入窗口输入密码后，选择要导入的文件，单击导入，即可开始导入文件。在完成了文件的导入后，在工作区的输出区域中会显示信息，提示用户导入文件完成。

程序导入完成后，如图 3-25 所示，可以看到新项目中已经包含了导入的程序。

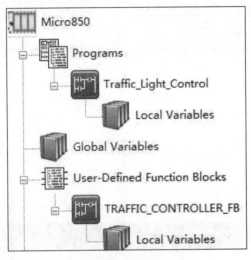

图 3-25　程序文件导入成功

3.4　项目实践：按要求创建项目

创建要求：

新建名为"初学者"的项目，创建路径为"D：\我的 CCW 程序"，控制器类型为"Micro850-48QBB"，驱动器类型为"PowerFlex 400"，图形终端为"PanelView 800-2711R-T7T"，并在控制器下添加"梯形图"。

创建步骤如下。

(1) 建立"初学者"文件夹

先在 D 盘下建立"我的 CCW 程序"文件夹（如不设置，系统将保存在默认地址）。点击"新建"后，将对话框中的内容按图 3-26 所示改写。改写后点击"创建"按钮。

(2) 添加控制器

在"添加设备"对话框中，先双击"控制器"，再双击"Micro850"，选择"2080-LC50-48QBB"，单击"选择"按钮，如图 3-27 所示。在弹出的对话框中选择"添加到项目"按钮，如图 3-28 所示。

(3) 添加驱动器

在新建成的项目管理器中，单击"将设备添加到项目"按钮，弹出"添加项目"对话框，双击"驱动器"，选择"PowerFlex 400"，点击"选择"按钮后，再在弹出的对话框中点击"添加到项目"。如图 3-29～图 3-31 所示。

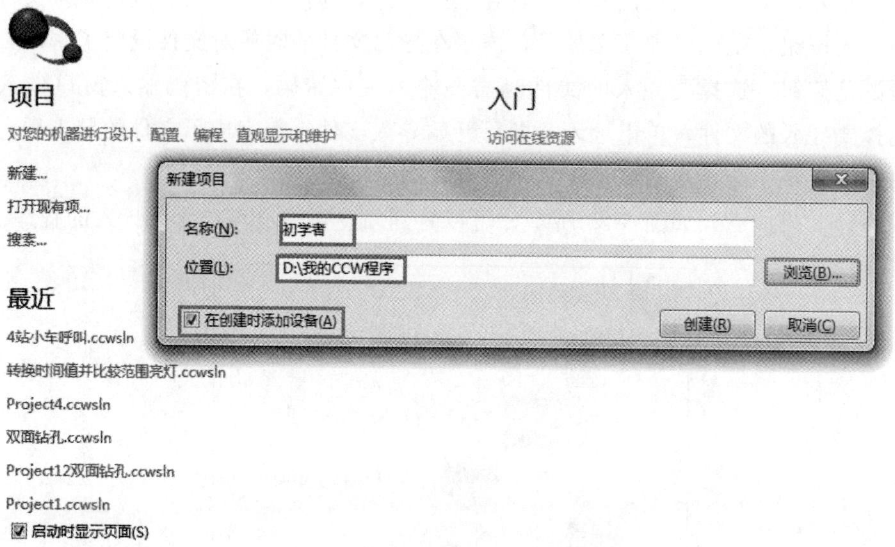

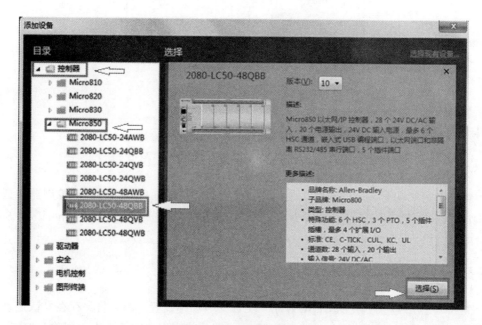

图 3-26 创建"初学者"文件夹

图 3-27 添加控制器

(4) 添加"图形终端"

添加"图形终端"的方法与添加"驱动器"的方法相同,不再赘述。完成添加后,项目管理器如图 3-32 所示。

(5) 添加"梯形图"

在"项目管理器"中右键单击"程序",选择"添加",再选择"新建 LD:梯形图"即可。如图 3-33 所示。添加后"项目管理器"内容如图 3-34 所示,双击 Prog1 出现图 3-35 所示的梯形图界面。

项目3　CCW编程软件的使用

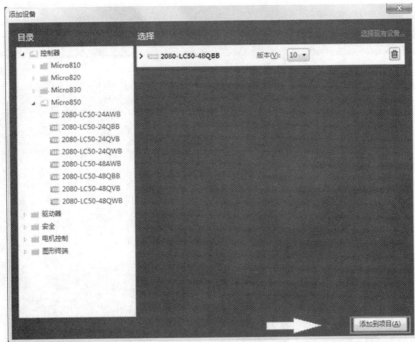

图 3-28　添加到项目

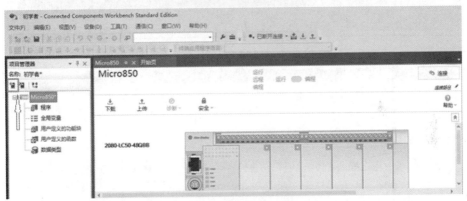

图 3-29　将设备添加到项目

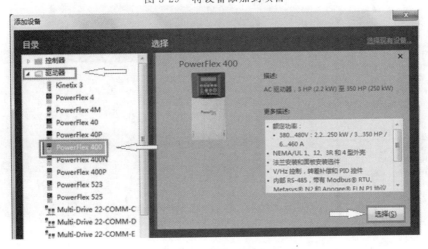

图 3-30　选择驱动器

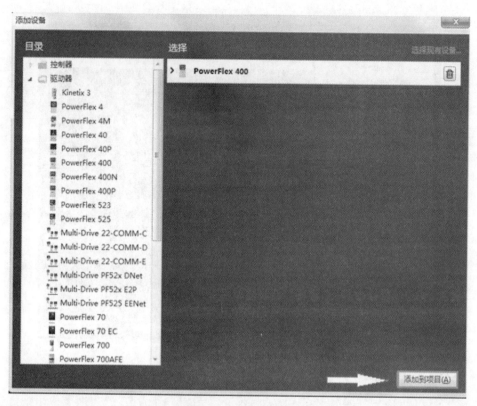

图 3-31 添加到项目

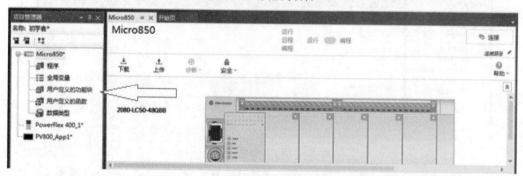

图 3-32 添加"图形终端"

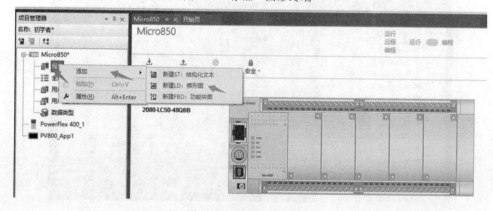

图 3-33 添加"梯形图"

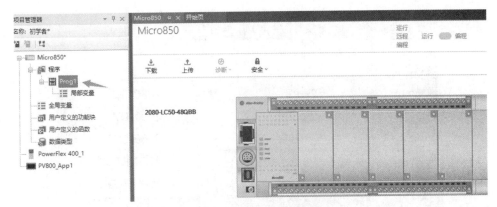

图 3-34 "项目管理器"内容

图 3-35 梯形图界面

知识拓展3　CCW软件中对I/O模块、变频器的组态

1）CCW 软件中对 I/O 模块组态

（1）内置 I/O 模块的配置

在 CCW 软件中可以很直观地组态 Micro800 控制器的内置模块。打开一个项目，在窗口左边的 Project Organizer（项目组织器）窗口中双击控制器图标，可以打开组态内置模块的界面。本例中所选的控制器是 Micro850 控制器，型号为 2080-LC50-24QBB，共可以容纳三个内置模块。在控制器的空白槽上单击右键，弹出如图 3-36 所示的模块选项，用户可以根据实际情况，选择所需模块的型号。这里假设三个空白槽上分别插上模拟量输入模块 2080-IF4、模拟量输出模块 2080-OF2 和通讯接口模块 2080-SERIALISOL。在第一个空白的槽上单击右键，选中 2080-IF4 并单击，即可把模块嵌入到控制器中。用同样的方法可以组态其他两个模块。

组态模块后，在控制器下方的工作区内可以对每个内置模块进行组态，图 3-37 显示的是 2080-IF4 模块的组态界面，这里可以对模块每个通道的 Input Type（输入类型）、Frequency（频率）和 Input State（输入状态）进行组态。同时也可以对控制器自身所带的通讯端口和 I/O 点进行组态。

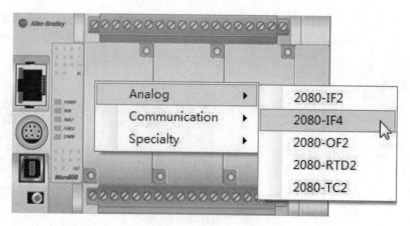

图 3-36　选择嵌入模块

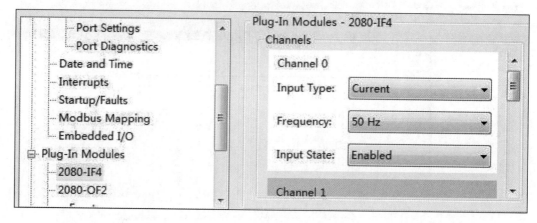

图 3-37　2080-IF4 模块的组态界面

（2）扩展 I/O 模块的配置

对扩展 I/O 模块配置时，首先在 Device Toolbook（设备工具箱）窗口找到 Expansion Modules（扩展模块）文件夹，也可以通过右键点击空槽位的方式进行添加。选择 2085-IQ16 模块，如图 3-38 所示。

把 2085-IQ16 拖拽到控制器右边第一个槽口中。四个蓝色的槽表示可以用来安放 I/O 扩展模块的槽口。在添加了 I/O 扩展模块之后，CCW 工程界面如图 3-39 所示。

如果需要，可以将其他 I/O 模块放到剩余的 I/O 扩展槽。

在控制器图像下方可以通过扩展模块的详情框格来编辑默认 I/O 组态。

① 选择想要组态的 I/O 扩展设备。点击 General，可以看到刚刚添加的扩展 I/O 设备的详情，如图 3-40 所示。

② 点击"Configuration"。根据需要来编辑模块和通道的属性。下一部分为扩展 I/O 模块组态属性。设备功能图 3-41 所示。

如果想删除扩展模块，右击扩展模块，选择"Delete"，如图 3-42 所示。

2）CCW 软件中对变频器的组态

CCW 软件一个显著的优点就是不仅可以组态控制器，编写控制器程序，还可以组态变频器和触摸屏，极大方便了编程人员。下面以 PowerFlex 525 变频器为例介绍变频

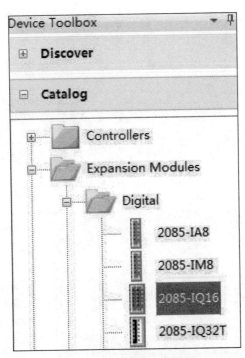

图 3-38　模块选择

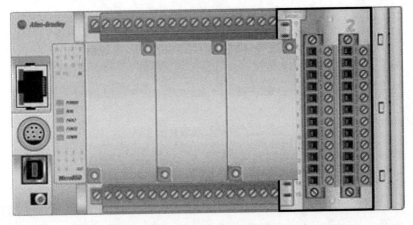

图 3-39　添加 I/O 扩展模块 2085-IQ16 的 CCW 工程界面

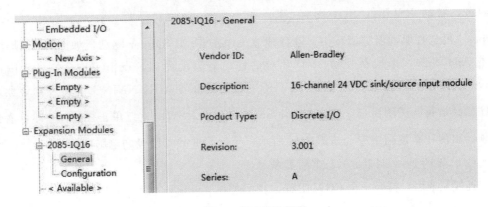

图 3-40　扩展模块详情

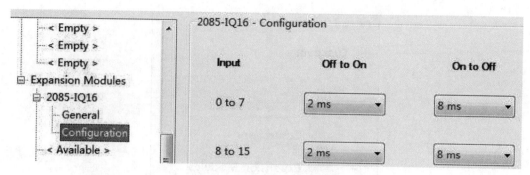

图 3-41　2085-IQ16 组态属性

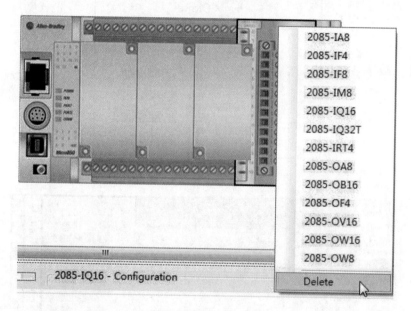

图 3-42　删除扩展模块示意图

器的组态。

(1) RSLinx 中以太网通讯

首先构成一个以太网网络，或将计算机的以太网口与 PowerFlex 525 变频器的以太网口进行直连。单击开始-> 所有程序-> Rockwell Software-> RSLinx-> RSLinx Classic，启动 RSLinx，单击图标 ，打开组态驱动对话框，在 Available Driver Types（可选驱动器类型）中，选择建立 EtherNet/IP Driver 驱动，如图 3-43 所示，点击 Add New（添加新驱动），打开对话框，为驱动命名，点击 OK。在 Configure Driver 窗口下的列表中出现 AB_ETHIP-1 A-B Ethernet RUNNING 字样表示该驱动程序已经运行。关闭窗口，单击 Communications->RSWho，或单击图标 即可看到变频器出现在新建网络中，如图 3-44 所示，至此，变频器已经同电脑成功连接。

(2) 创建 PowerFlex 525 变频器项目

连接完成后，打开一个 CCW 工程，在 Device Toolbox（设备工具箱）中打开 Driver（变频器）文件夹，选择 PowerFlex 525 变频器。把变频器拖拽到 Project Organizer（项目

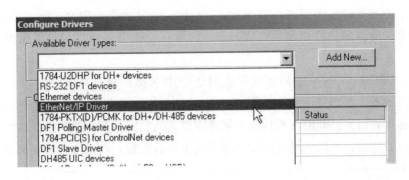

图 3-43　添加以太网驱动

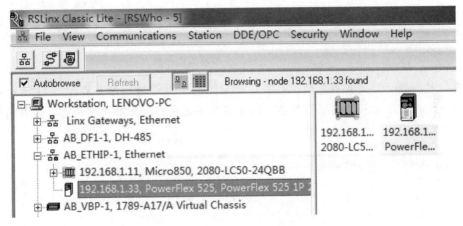

图 3-44　变频器成功连接

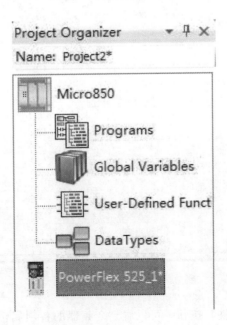

图 3-45　在项目组织器中添加 PowerFlex 525 变频器

组织器）中，如图 3-45 所示，双击变频器图标，可以打开变频器的组态界面，界面中的 Connect（连接）按钮用来连接实际的变频器，Update（上传）和 Download（下载）

按钮用来上传和下载变频器的参数配置，Parameters（参数）和 Properties（属性）按钮用来配置变频器的参数和属性，Wizard（向导）按钮给新用户提供了快速配置变频器各项参数的方法。

点击 Connect（连接）按钮，在弹出对话框中选择要连接的变频器，点击确定即可。连接完成后，组态界面变为如图 3-46 所示的界面，并且连接的同时会上传当前所连接设备的配置信息。此时下载按钮不能使用了，这是因为要下载配置好的变频器参数不能先与设备连接，而应先断开连接，然后点击下载按钮，再选择下载到哪个变频器。

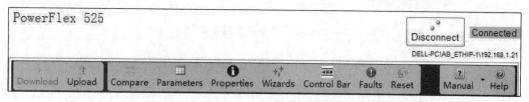

图 3-46　在线的变频器组态界面

点击 Parameters（参数）按钮，会打开变频器的参数对话框，如图 3-47 所示，在这里用户可以组态变频器的所有参数。由于通常不是所有的参数都要组态，推荐新用户使用启动向导来配置变频器参数。

#	Name	Value	Units	Internal Value	Default
1	Output Freq	0.00	Hz	0	0.00
2	Commanded Freq	0.00	Hz	0	0.00
3	Output Current	0.00	A	0	0.00
4	Output Voltage	0.0	V	0	0.0
5	DC Bus Voltage	319	VDC	319	0
6	Drive Status	00000000 ...		0	00000000 00
7	Fault 1 Code	4		4	0
8	Fault 2 Code	73		73	0
9	Fault 3 Code	4		4	0
10	Process Display	0		0	0
11	Process Fract	0.00		0	0.00
12	Control Source	155		155	0
13	Contrl In Status	00000000 ...		1	00000000 00
14	Dig In Status	00000000 ...		0	00000000 00

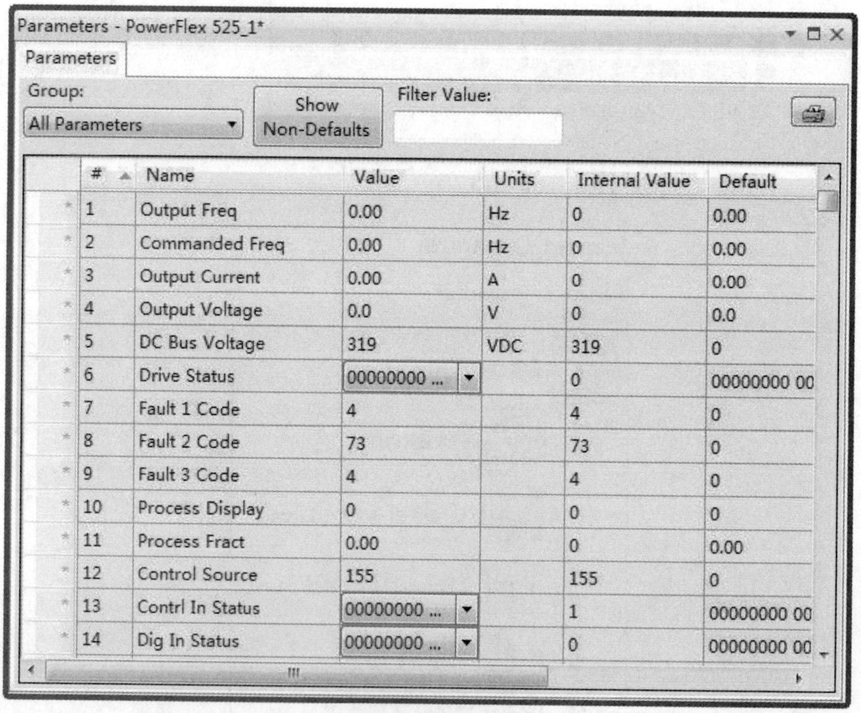

图 3-47　变频器参数列表

点击 Properties（属性）按钮，可以看到变频器的各项属性，在离线的情况下，用户可以修改变频器的一些属性，包括变频器的版本和端口等。

点击 Faults（故障）按钮，会显示变频器的故障列表，如图 3-48 所示。在这里可以看到变频器出现的故障，并可以在故障消除后对故障进行清除。

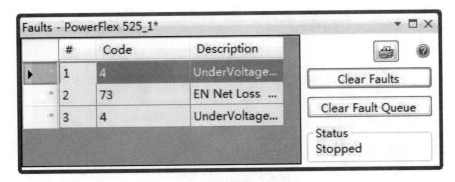

图 3-48　变频器故障列表

Reset（重置）按钮用来重置变频器的各项参数，重置的过程中系统会提示一些信息。这里不再演示重置方法。

(3) 变频器启动向导的使用

下面介绍在线情况下如何使用启动向导来配置变频器参数。点击 Wizard（向导）按钮，打开如图 3-49 所示的对话框，选择 PowerFlex 525 Startup Wizard（PowerFlex 525 启动向导），点击"Select"，打开向导欢迎对话框，该对话框是用来介绍向导并给出使用向导的提示和技巧。按照向导的提示，设置变频器参数。

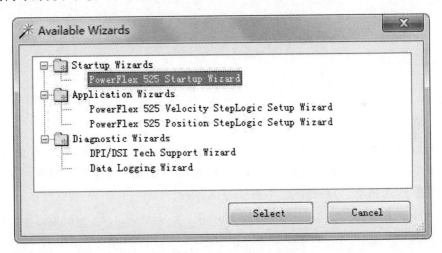

图 3-49　启动变频器配置向导

启动向导设置变频器的步骤如下。

• Reset Parameters（重置参数）。点击"Next"，弹出重置参数的对话框，这里点击重置参数按钮，可以把变频器的各项参数还原为默认值。如果不需要重置参数，直接点击"Next"即可。

• Motor Control（电机控制）。点击 Next，来设置电机控制，如图 3-50 所示，在这里可以设置电机的 Troq Perf Mode（力矩特性模式），有 V/Hz、SVC、Economize 和 Vector 四种模式可选，同时还可以设置 Boost Select（提升选择）、Start Boost（启动提升）、Break Voltage（截断电压）、Break Frequency（截断频率）和 Max Voltage（最高电压）等。

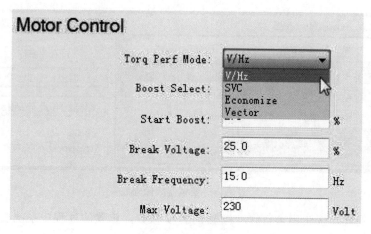

图 3-50 电机控制

- Motor Data（电机数据）。点击"Next"，设置电机参数，如图 3-51 所示，这里用户要根据变频器所控制的电机的铭牌来设置电机的电流、电压和频率。本次实验用到的电机的额定电流为 1.1A，额定电压为 220（26～230）V，额定频率为 50Hz。

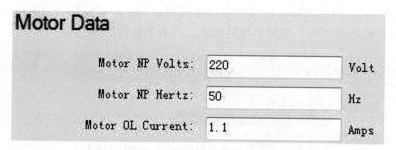

图 3-51 电机参数

- Stop/BrakeMode（停止/制动模式）。点击"Next"，设置电机的停止/制动模式，如图 3-52 所示，这里要设置的参数有 DB 电阻器选择和停止模式两项，点击下拉菜单，电阻器选择有：Disabled、Norma RA Res、NoProtection 和 3％ DutyCycle～99％ Dutycycle；停止模式的选择有：Ramp CF、Coast CF、DC Brake CF、Ramp、Coast、DC Brake、DC BrakeAuto、Ramp+EM B CF 和 Ramp+EM Brk。

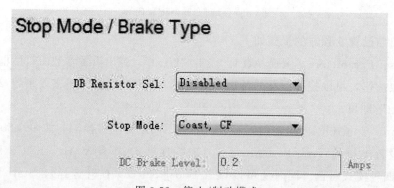

图 3-52 停止/制动模式

- Direction Test（方向测试）。点击"Next"，进行方向测试，如图 3-53 所示，该测试只能在在线的情况下进行。在参考值处给电机设定一个速度，这里设为 10Hz，然后点击绿色的启动按钮，电机正转，查看电机的转动方向是否为正转，如果是正转则点击停止按钮，然后点击 Jog 按钮，按住 Jog 键，电机转动，松开 Jog 键，电机停止转动。完成这些测试以后，如果电机转动方向正确，在问题"Is the direction of motor rotation correct for the application（应用程序的电机旋转方向是否正确）"的下面，选择"Yes（是）"，然后就会提示测试通过。

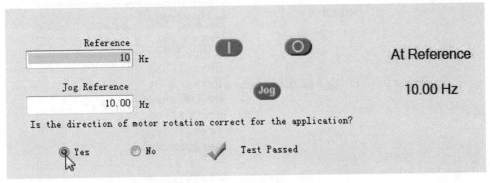

图 3-53　方向测试

- AutoTune（自动调谐）。点击"Next"，进行自动调谐，这一步也只能在在线的情况下进行。通过自动调谐，启动器可以对电机特性进行取样，并正确设置其 IR 压降和磁通电流参考，仅当电机卸除负荷时，才能使用旋转调节。否则，请使用静态调节。调节完成后，系统会提示测试已完成。
- Ramp Rates/Speed Limits（斜率/速度限制）。点击"Next"，设置斜率/速度限制，如图 3-54 所示。这里可以设置最大频率和最小频率，还可以设置是否启动反向操作。这是因为在有些系统中，电机是不能反转的，例如皮带等。

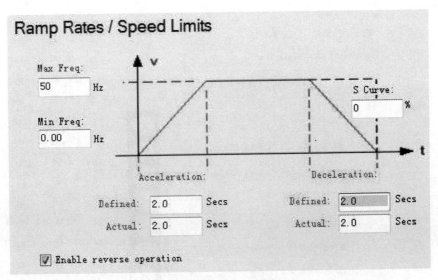

图 3-54　斜率/速度限制

- Speed Control（速度控制）。点击"Next"，设置速度控制，如图 3-55 所示。这里来设置速度参考的来源，点开下拉菜单，可以有选择：Drive Pot、Keypad Freq、Serial/DSI、0~10V Input、3~20mA Input、Preset Freq、Anlg In Mult、MOP、Pulse Input、PID1 Output、PID2 Output、Step Logic、Encoder、EtherNet/IP 和 Positioning。这里选择 EtherNet/IP（以太网端口）。

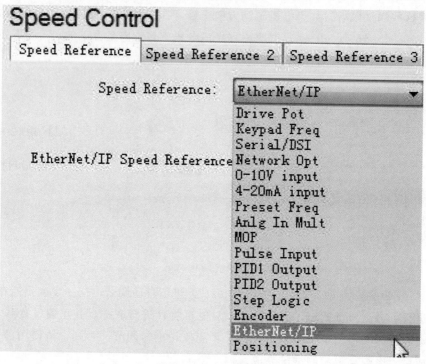

图 3-55　速度控制

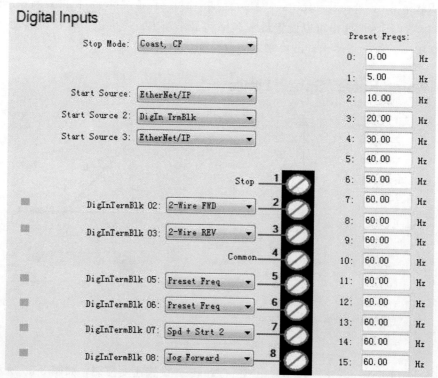

图 3-56　数字输入参数

● Digital Inputs（数字输入）。点击"Next"，配置数字输入参数，如图 3-56 所示。这里可以设置停止源、启动源、数字输入和预置频率。用户可以根据需要来设置。

● Relay Outputs（继电器输出）。

点击"Next"，设置继电器输出，如图 3-57 所示。点开继电器输出的下拉菜单，选择适合的继电器输出。

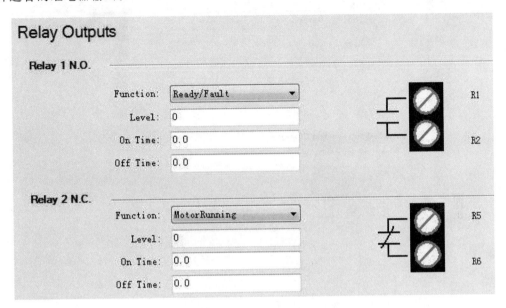

图 3-57　继电器输出

● Opto Output（光电耦合输出端）。点击"Next"，设置光电耦合输出端，如图 3-58 所示。这里可以设置光电耦合输出端的逻辑、光电耦合输出端 1 和光电耦合输出端 2。

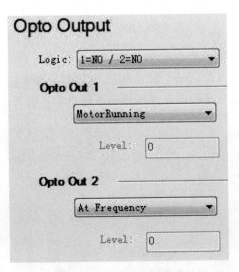

图 3-58　光电耦合输出端

● Analog Output（模拟输出）。点击"Next"，设置模拟输出，如图 3-59 所示。

● Pending Change（待定更改）。完成了上面的设置，点击"Next"，显示待定修改界面，如图 3-60 所示，这里提示用户在以上步骤中做了哪些修改，点击 Finish 即可把所有的修改应用到变频器中。

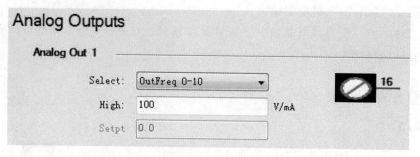

图 3-59　模拟输出

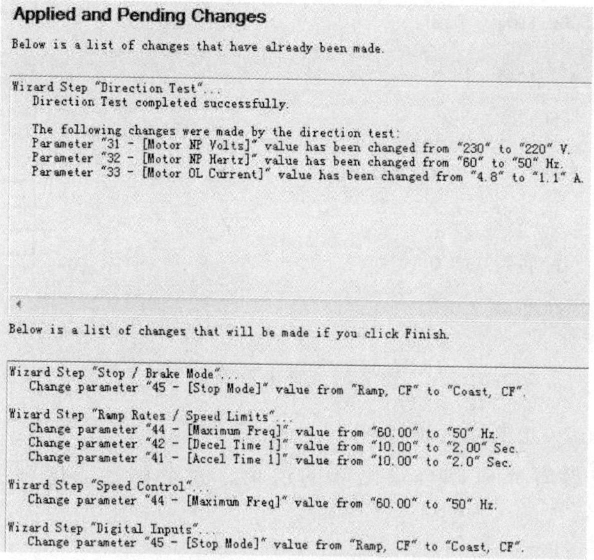

图 3-60　选择目标变频器

启动向导提供了一种清晰的思路来快速组态变频器，它虽然没有覆盖到每一个参数，但大多数应用项目中常用的必须配置参数都已包括在内。

以上参数的配置都是在变频器在线的情况下进行的。断开在线的变频器，也可以用

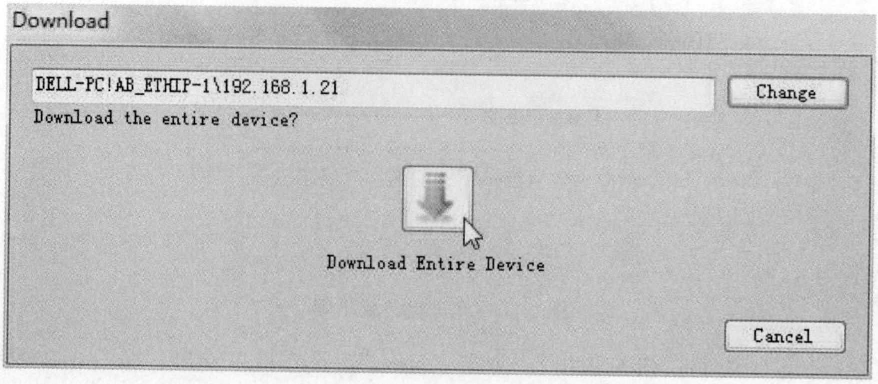

图 3-61　下载对话框

向导来配置变频器，只是部分步骤不能完成，但并不妨碍对变频器基本参数的配置。离线变频器参数的配置步骤和在线变频器参数的配置步骤一样，这里就不再赘述了。下面介绍变频器参数的下载。

在离线状态下，点击"Download"，会弹出下载对话框，如图3-61所示，如果需要更改路径可点击对话框上的"Change"按钮。点击下载按钮后，所做的修改就会下载到变频器。上传变频器参数的过程和下载的过程基本一致，上传过程中，系统还会提示一些信息，这里就不再赘述。

项目4

Micro800编程入门

4.1 Micro800 控制器内存组织

Connected Components Workbench 包括一个全面指令集,包含结构和数组、梯形图逻辑开发环境、结构化文本、功能块图及用户定义的功能块程序等。本教材中的编程主要以梯形图程序为主。

此外,Connected Components Workbench 还包括 Micro800 控制器、PowerFlex 驱动器、安全继电器设备、PanelView Component 图形终端以及串行和网络连接选项的用户界面配置工具。

Micro800 控制器的内存可以分为两大部分:数据文件和程序文件。下面分别介绍两部分内容。

4.1.1 Micro800 控制器数据文件

Micro800 控制器的变量分为全局变量和本地变量,其中 I/O 变量默认为全局变量。全局变量在项目的任何一个程序或功能块中都可以使用,而本地变量只能在它所在的程序中使用。不同类型的控制器 I/O 变量的类型和个数不同,I/O 变量可以在 CCW 软件中的全局变量中查看。I/O 变量的名字是固定的,但是可以对 I/O 变量进行别名。除了 I/O 变量以外,为了编程的需要还要建立一些中间变量,变量的类型用户可以自己选择,常用的变量类型见表 4-1。

表 4-1 常用变量类型

变量类型	描述	变量类型	描述
BOOL	布尔量	LINT	长整型
SINT	单整型	ULINT、LWORD	无符号长整型
USINT、BYTE	无符号单整型	REAL	实型
INT、WORD	整型	LREAL	长实型
UINT	无符号整型	TIME	时间
DINT、DWORD	双整型	DATE	日期
UDINT	无符号双整型	STRING	字符串

在项目组织器中,还可以建立新的数据类型,用来在变量编辑器中定义数组和字,这样方便定义大量相同类型的变量。变量的命名有如下规则:

① 名称不能超过 128 个字符；
② 首字符必须为字母；
③ 后续字符可以为字母、数字或者下划线字符。

数组也常常应用于编程中，下面介绍在项目中怎样建立数组。要建立数组首先要在 CCW 软件的项目组织器窗口中，找到 Data Types，打开后建立一个数组的类型，如图 4-1。先建立数组类型的名称，如 a，数据类型为布尔型，建立一维数组，数据个数为 10（维度一栏写 1..10），打开全局变量列表，建立名为 ttt 的数组，数据类型选择为 a，如图 4-2 建立数组同理，建立二维数组类型时，维度一栏写 1..10..10。

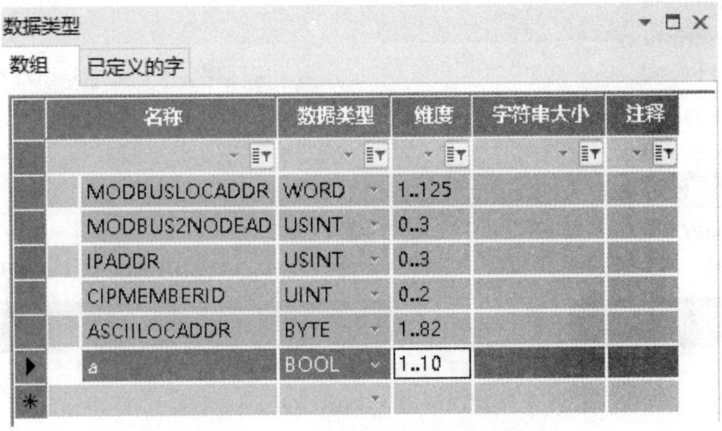

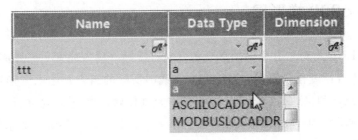

图 4-1　定义数组的数据类型

图 4-2　建立数组

4.1.2　Micro800 控制器程序文件

控制器的程序文件分为两部分内容：程序（Program）部分（相当于通常的主程序部分）和功能块（Function Block）部分，这里所说的指令块，除了系统自身的运算符、函数和功能块（Function Block）指令以外，还包括用户根据功能需要，自己用梯形图语言编写的具有一定功能的功能块（Function Block），可以在程序（Program）或者功能块（Function Block）中调用，相当于常用的子程序。

在一个项目中可以有多个程序（Program）和多个功能块（Function Block）程序。多个程序（Program）可以在一个控制器中同时运行，但执行顺序由编程人员设定，设定程序（Program）的执行顺序时，在项目组织器中右键单击程序图标，选择属性，打开程序（Program）属性对话框，如图 4-3 所示，在 Order 后面写下要执行顺序，1 为第一个执行，2 为第二个执行。例如：一个项目中有 8 个程序（Program），可以把第 8 个程序（Program）设定为第一个执行，其他程序（Program）会在原来执行的顺序上，依次后推。原来排在第一个执行的程序（Program）将自动变为第二个执行。

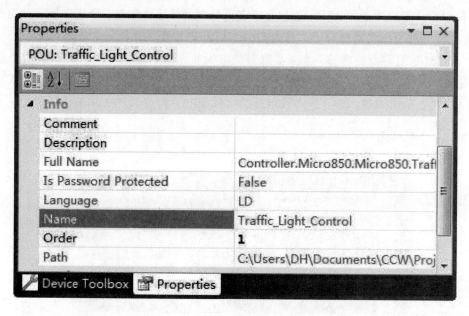

图 4-3　更改程序（Program）执行顺序

4.2　Micro800 梯形图

梯形图（LD）为布尔方程的图形表示，它将接触（输入元素）与线圈（输出元素）相结合。LD 语言通过程序图表（像继电器布线图那样的组织）中的图形符号，介绍了对布尔数据的测试和修改。LD 图形符号在作为电接触图的图表内进行组织。"梯形"一词来源于两端均与垂直电源导轨相连的梯级概念，其中每个梯级均表示单个回路。

Connected Components Workbench 提供 LD 语言编辑器，仅支持 Connected Components Workbench 软件随附的元素和指令。

4.2.1　梯形图（LD）程序开发环境

用于梯形图（LD）程序的语言编辑器，可以在其中开发 LD 程序组织单元（POU）。表 4-2 描述了各区域的功能。图 4-4 显示了 LD 程序开发环境的主要区域。

表 4-2　LD 程序开发环境各区域的功能

编号	名称	功能描述
1	指令工具栏	快速选择指令元素并将其放置在 LD 图形编辑器中，或者单击添加到 LD 文本编辑器中
2	LD 文本编辑器	使用 ASCII 指令助记符编辑逻辑
3	LD 图形编辑器	使用图形指令元素编辑逻辑
4	LD 工具箱	将元素添加到 LD 图形编辑器

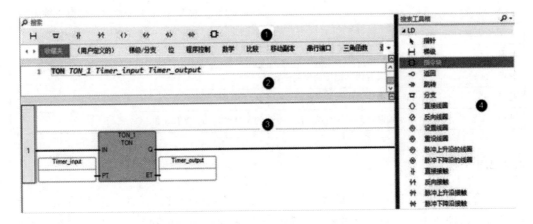

图 4-4　LD 程序开发环境的主要区域

指令工具栏是语言编辑器窗格中的辅助窗格的通俗名称,其功能类似于工具栏,用于向语言编辑器工作区中添加指令等语言元素。它是对常规工作台工具箱的补充。图 4-5 是指令工具栏主要功能说明。

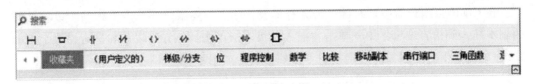

图 4-5　梯形图编辑器的指令工具栏

将指令元素从指令工具栏添加到语言编辑器,有以下几种方法。

① 单击其中包含希望添加的指令的类别选项卡。可以使用箭头键导航选项卡,并通过拖放操作重新排列其位置。

② 通过拖放操作或单击来选择指令。

③（可选）要快速查找指令,可在搜索字段中单击,然后键入内容,以通过名称或关键字查找指令元素。要退出搜索并启用箭头键导航,请按"Esc"键。

④（可选）右键单击指令并选择"添加到收藏夹",可将其添加到"收藏夹"选项卡,选择"从收藏夹移除"可将其移除。

4.2.2　梯形图(LD)元素

梯形图(LD)元素是用于生成梯形图编程的组件。可以将表 4-3 中列出的所有元素添加到 Connected Components Workbench 的梯形图中。

表 4-3　梯形图(LD)元素

元素	描述
梯级	表示导致线圈被激活的一组回路元素
指令块(LD)	指令包括运算符、函数和功能块(包括用户定义的功能块)
分支	两个或多个并行指令

续表

元素	描述
线圈	表示输出或内部变量的赋值。在 LD 程序中,线圈表示操作
触点	表示输入或内部变量的值或函数
返回	表示功能块图输出的条件结束
跳转	表示控制梯形图执行的 LD 程序中的条件逻辑和无条件逻辑

4.2.2.1 梯级

梯级为梯形图（LD）程序的图形组件，表示导致线圈被激活的一组回路元素。可使用标签识别图中的梯级。这些标签与跳转一起控制梯形图的执行。可以在梯级上方的注释中添加用于存档的自由格式文本。

在 Connected Components Workbench 中，可以从下列对象添加梯级到梯形图（LD）程序。

（1）从梯形图（LD）语言编辑器添加

在 LD 语言编辑器中，右键单击现有梯级→单击"复制"→单击"粘贴"以将梯级的副本插入到语言编辑器中→单击"插入梯级"→单击"上方"以添加选定梯级上方的梯级/单击"下方"以添加选定梯级下方的梯级，如图 4-6 所示。

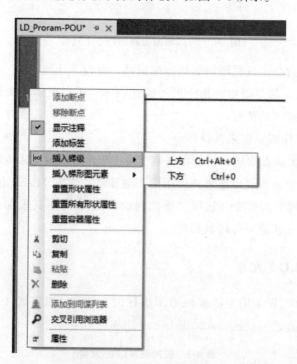

图 4-6 从梯形图（LD）语言编辑器添加梯级

（2）从位于"工具"菜单上的"多语言编辑器"添加

在 LD 语言编辑器中选择梯级或元素→"CTRL＋ALT＋0"可添加选定梯级上方的梯级/"CTRL＋0"可添加选定梯级下方的梯级。

也可以在 LD 语言编辑器中选择梯级或元素→单击"工具"→"多语言编辑器"→"插入下方梯级"以添加选定梯级下方的梯级/"插入上方梯级"以添加选定梯级上方的梯级。

（3）从 LD 工具箱添加

要在现有梯级下方插入梯级，可在 LD 语言编辑器中选择梯级，然后在 LD 工具箱中双击"梯级"。如果在 LD 工具箱中双击"梯级"之前未选择元素，梯级会插入到 LD 语言编辑器中最后一个梯级下方。

也可以在工具箱中选择"梯级"，将元素拖动到 LD 语言编辑器中。LD 语言编辑器中会出现加号（+）以显示有效的目标，在需添加位置松开鼠标即可。

4.2.2.2 梯级标签

标签是梯形图（LD）语言编辑器中每个梯级的可选添加项。标签的字符数不受限制，以字母或下划线字符开头，后跟字母、数字和下划线字符。标签中不能有空格或特殊字符（例如"+""-"或"\"）。

在 LD 语言编辑器中为梯级添加标签的方法如下。

① 右键单击梯级以打开 LD 语言编辑器菜单→选择"显示标签"。梯级即会更新为包括标签形式，并且会在"显示标签"旁显示复选标记。

② 选择"标签"→在梯级上方的空间中输入注释。注释对于梯形图（LD）语言编辑器中每个梯级是可选的。默认情况下，添加梯级元素时会包含注释栏。

③ 要删除标签，可用右键单击标签，直接删除。也可以右键单击梯级以打开 LD 语言编辑器菜单→单击"显示注释"，注释即会从梯级删除，并且 LD 语言编辑器菜单上"显示注释"旁的复选标记会被删除，如图 4-7 所示。

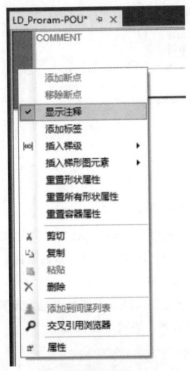

图 4-7　删除注释

4.2.2.3 分支

分支可创建连接的备用路径。可以使用梯形图（LD）语言编辑器在梯级上将并联分支添加到元素，如图 4-8 所示。

图 4-8　分支示例

在 Connected Components Workbench 中，可以从下列对象添加分支到梯形图（LD）编程。

（1）用梯形图（LD）语言编辑器添加分支

在 LD 语言编辑器中，右键单击梯级或元素→选择"插入梯形图元素"→单击"分支"，如图 4-9 所示。

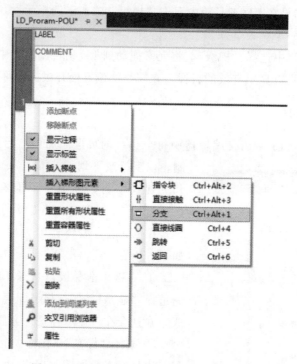

图 4-9　用梯形图（LD）语言编辑器添加分支

也可以在 LD 语言编辑器中，右键单击梯级或元素→按"CTRL＋ALT＋1"以将分支添加到所选元素或梯级的左侧/按"CTRL＋1"以将分支添加到所选元素的右侧。

（2）用位于"工具"菜单上的"多语言编辑器"添加分支

单击"工具"→"多语言编辑器"→"在之前插入分支"以将分支添加到选定元素的左侧/"在之后插入分支"以将分支添加到选定元素的右侧，如图 4-10 所示。

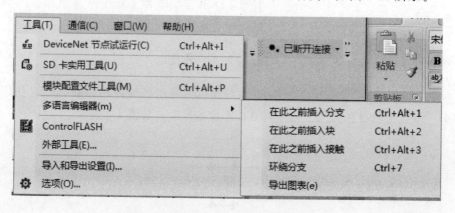

图 4-10　用位于"工具"菜单上的"多语言编辑器"添加分支

(3) 用 LD 工具箱添加分支

在梯形图中选中元素后，双击分支元素以将其添加到选中元素后面；或在工具箱中选中分支元素，拖动到 LD 语言编辑器，根据加号显示添加到需要位置。

4.2.2.4 指令块

梯形图（LD）指令块元素是 LD 程序中符合 IEC 61131-3 的功能元素，可以是功能块、函数、运算符或用户定义的功能块、函数。

一个指令块由单个矩形表示，并且具有固定数量的输入连接点和输出连接点。一个基本指令块执行一个功能。

(1) 运算符

运算符是指诸如算术运算、布尔运算、比较运算或数据转换等基本逻辑操作。图 4-11 所示为加法指令块。

(2) 函数

函数具有一个或多个输入参数及一个输出参数。Connected Components Workbench 不支持递归函数调用。当"函数"部分的某个函数由其自身或其被调用函数之一调用时，会发生运行时错误。此外，函数不会存储其局部变量的本地值。由于函数未经实例化，因而它们无法调用功能块。

函数可以由程序、函数或功能块加以调用；任何部分的任何程序均可调用一个或多个函数；函数可具有局部变量；函数没有实例，这意味着不会存储本地数据，因此本地数据通常无法在两次调用之间转承；函数由其父程序来执行，因此父程序会在该函数执行结束前挂起，如图 4-12 所示。

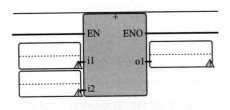

图 4-11　加法指令块

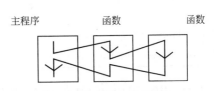

图 4-12　函数运行顺序

定义函数和参数名称时，必须为函数的每个调用（输入）参数或返回（输出）参数指定一种类型或唯一名称，以显式定义该函数的接口。一个函数具有一个返回参数。功能块返回参数的值因各种不同编程语言（FBD、LD、ST）而异。函数名称和函数参数名称最多可包含 128 个字符。函数参数名称可以字母或下划线字符开头，后跟字母、数字和单个下划线字符。

(3) 功能块

功能块是一个具有输入和输出参数并且处理内部数据（参数）的指令块，包含了实际应用中的大多数编程功能。它可以用结构化文本、梯形图或功能块图语言编写，如图 4-13 所示。表 4-4 对功能块结构做了说明。

功能块指令种类及说明见表 4-5。

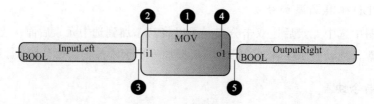

图 4-13 功能块结构

表 4-4 功能块结构说明

项目编号	项目	描述
❶	块名称	指令块要执行的功能的名称写在其矩形形状内(位于顶端)
❷	输入	指令块的每个输入都带有标签且具有定义的类型
❸	输入连接	输入在左边框进行连接
❹	输出	指令块的每个输出都带有标签且具有定义的类型
❺	输出连接	输出在右边框进行连接

表 4-5 功能块指令种类及说明

种类	描述
报警(Alarms)	超过限制值时报警
布尔运算(Boolean operations)	对信号上升、下降沿以及设置或重置操作
通讯(Communications)	部件间的通讯操作
计时器(Time)	计时
计数器(Counter)	计数
数据操作(Data manipulation)	取平均,最大、最小值
输入/输出(Input/Output)	控制器与模块之间的输入输出操作
中断(Interrupt)	管理中断
过程控制(Process control)	PID 操作以及堆栈
程序控制(Program control)	主要是延迟指令功能块

在程序中调用功能块时,实际上调用的是这个块的实例。该实例使用相同的代码,但是输入和输出参数已经过实例化,这意味着将针对功能块的每个实例复制局部变量。功能块实例的变量值将从一个循环存储至另一个循环。

功能块可以由程序或其他功能块加以调用。它们无法由函数调用,因为函数未经实例化。

定义功能块和其参数的名称必须使用功能块的每个调用(输入)参数或返回(输出)参数的类型或唯一名称,来显式定义该功能块的接口。功能块可具有多个输出参数。功能块返回参数的值因各种不同编程语言(FBD、LD、ST)而异。

功能块名称和功能块参数名称最多可包含 128 个字符。功能块参数名称可以字母或下划线字符开头,后跟字母、数字和单个下划线字符。

从工具箱中拖出块元素放到梯形图的梯级中后,指令块选择器将会陈列出来,为了缩小指令块的选择范围,可以使用分类或者过滤指令块列表,或者使用快捷键。

功能块指令集见附录1。

在使用指令块时请牢记以下两点。

① 当一个指令块添加到梯形图中后，EN 和 ENO 参数将会添加到某些指令块的接口列表中。

② 当指令块是单布尔变量输入、单布尔变量输出或是无布尔变量输入、无布尔变量输出时，可以强制 EN 和 ENO 参数。可以在梯形图操作中激活允许 EN 和 ENO 参数（Enable EN/ENO）。

a. EN 输入。一些指令块的第一输入不是布尔数据类型，由于第一输入总是连接到梯级上的，所以在这种情况下另一种叫 EN 的输入会自动添加到第一输入的位置。仅当 EN 输入为真时，指令块才执行。如图 4-14 "比较"指令块所示。

b. ENO 输出。由于第一输出另一端总是连接到梯级上，所以对于第一输出不是布尔型输出的指令块，另一端被称为 ENO 的输出自动添加到了第一输出的位置。ENO 输出的状态总是与该指令块的第一输入的状态一致。如图 4-15 所示。

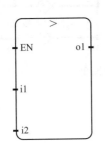
图 4-14 "比较"指令块

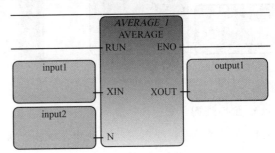
图 4-15 "平均"指令块

c. EN 和 ENO 参数。在一些情况下，EN 和 ENO 参数都需要。如图 4-16 中的数学运算操作指令块。

d. 功能块使能（Enable）参数。在指令块都需要执行的情况下，需要添加使能参数，如图 4-17 程序控制指令 "SUS" 指令块。

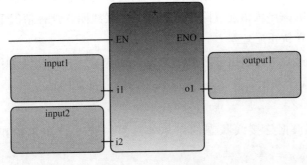
图 4-16 加法指令块

4.2.2.5 线圈

线圈是梯形图（LD）程序的图形组件，表示输出或内部变量的赋值。在 LD 程序中，线圈代表操作。线圈的左端必须与一个布尔符号（如接触或指令块的布尔输出）相连。线圈只能添加到在 LD 语言编辑器中定义的梯级。在将线圈添加到梯级后，可以修改线圈定义。

将线圈添加到梯形图的方法可参照添加梯级和分支的方法，不再赘述。

图 4-18 为可用于梯形图编程的线圈单元类型。

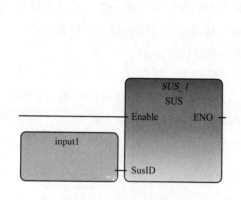

图 4-17 "SUS" 指令块

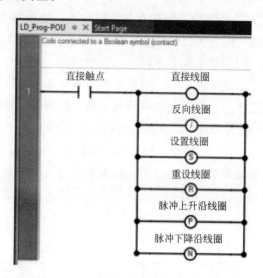

图 4-18 线圈单元类型

（1）直接线圈

直接线圈支持连接线布尔状态的布尔输出。如图 4-19 所示。

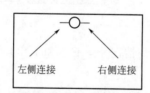

图 4-19 直接线圈

关联变量被赋予左侧连接的布尔状态。左侧连接的状态将传播至右侧连接。右侧连接必须与右侧垂直电源导轨相连（除非采用的是并联线圈，这种情况下仅上方的线圈必须与右侧垂直电源导轨相连）。

关联的布尔变量必须为输出变量或用户定义的变量。具体用法如图 4-20 所示。Input1 为真时，output1 输出为真，output2 输出为真，反之同理。

（2）反向线圈

反向线圈元素根据连接线状态的布尔非运算结果支持布尔输出。如图 4-21(a) 所示。

关联变量的值为左侧连接线状态的布尔运算结果的相反值。左侧连接的状态将传播至右侧连接。右侧连接必须与右侧垂直电源导轨相连（除非采用的是并联线圈，这种情况下仅上方的线圈必须与右侧垂直电源导轨相连）。

关联的布尔变量必须为输出变量或用户定义的变量。图 4-21(b) 为反向线圈的具体用法。input1 为真时，output1 输出为假，output2 输出为真。反之同理。

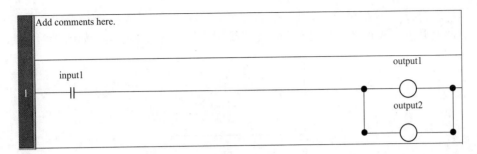

图 4-20　直接线圈用法示例

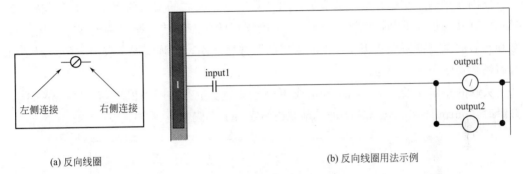

(a) 反向线圈　　　　　　　　　　(b) 反向线圈用法示例

图 4-21　反向线圈及用法示例

（3）脉冲下降沿的线圈

脉冲下降沿（或负值）的线圈支持连接线布尔状态的布尔输出。如图 4-22 所示。

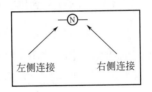

图 4-22　脉冲下降沿的线圈

左侧连接的布尔状态从"真"下降为"假"时，关联的变量将置为"真"。输出变量在所有其他情况下都将重置为"假"。左侧连接的状态将传播至右侧连接。右侧连接必须与右侧垂直电源导轨相连（除非采用的是并联线圈，这种情况下仅上方的线圈必须与右侧垂直电源导轨相连）。

关联的布尔变量必须为输出变量或用户定义的变量。图 4-23 为用法示例。只有在 input1 出现下降沿时，output1 输出为真，在 input1 的其他状态下，output1 输出均为假。

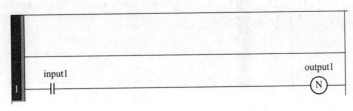

图 4-23　脉冲下降沿的线圈用法示例

（4）脉冲上升沿的线圈

脉冲上升沿（或正极）的线圈支持连接线布尔状态的布尔输出。如图 4-24 所示。

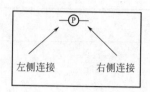

图 4-24　脉冲上升沿的线圈

左侧连接的布尔状态从"假"上升为"真"时，关联的变量将置为"真"。输出变量在所有其他情况下都将重置为"假"。左侧连接的状态将传播至右侧连接。右侧连接必须与右侧垂直电源导轨相连（除非采用的是并联线圈，这种情况下仅上方的线圈必须与右侧垂直电源导轨相连）。

关联的布尔变量必须为输出变量或用户定义的变量。如图 4-25 所示。当 input1 上升沿时，output1 为真，input1 的其他状态 output1 为假。

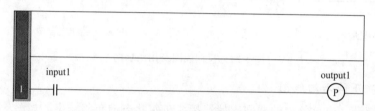

图 4-25　脉冲上升沿的线圈用法示例

（5）设置线圈

设置线圈支持连接线布尔状态的布尔输出。如图 4-26 所示。

左侧连接的布尔状态置为"真"时，关联的变量将置为"真"。输出变量将一直保持此值，直到复位线圈发出反向指令为止。左侧连接的状态将传播至右侧连接。右侧连接必须与右侧垂直电源导轨相连。

关联的布尔变量必须为输出变量或用户定义的变量。如图 4-27，当 input1 为真时，第一梯级中设置线圈 output1 为真并保持；直到第二梯级中 input2 为真，重设线圈 output1 为假。

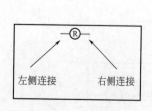

图 4-26　设置线圈

图 4-27　设置线圈用法示例

(6) 重设线圈

重设线圈支持连接线布尔状态的布尔输出。如图 4-28 所示。

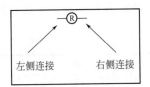

图 4-28 重设线圈

左侧连接的布尔状态置为"真"时，关联的变量将重置为"假"。输出变量将一直保持此值，直到置位线圈发出反向指令为止。左侧连接的状态将传播至右侧连接。右侧连接必须与右侧垂直电源导轨相连。

关联的布尔变量必须为输出变量或用户定义的变量。如图 4-29。当 input2 为真时，第二梯级中重置线圈 output1 为假；直到 input1 为真，第一梯级中设置线圈 output1 为真。

图 4-29 重设线圈用法示例

4.2.2.6 触点

触点是梯形图（LD）程序的图形组件。根据类型不同，触点表示输入或内部变量的值或函数。触点只能添加到在 LD 语言编辑器中定义的梯级。添加后，可以修改其定义，图 4-30 为触点类型。

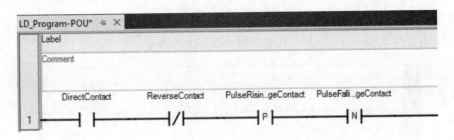

图 4-30 梯形图中的触点类型

触点的添加方法可参照添加梯级和分支的添加，不再赘述。

(1) 直接触点

直接触点支持在连接线状态与布尔变量之间进行布尔运算。如图 4-31 所示。触点右侧连接线的状态是左侧连接线的状态与触点所关联变量的值之间进行逻辑"与"运算后得到的结果。

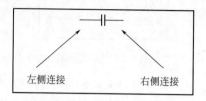

图 4-31 直接触点

直接触点用法如图 4-32 所示。input1 和 input2 为串联关系，当 input1 为真且 input2 也为真时，output1 为真，其他情况 output1 均为假。

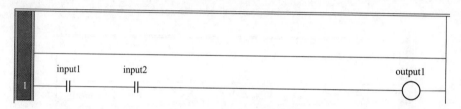

图 4-32 直接触点用法示例

(2) 反向触点

反向接触支持对布尔变量进行布尔非运算后再与连接线状态进行布尔运算。如图 4-33 所示。触点右侧连接线的状态是对触点所关联变量的值进行布尔非运算后再与左侧连接线的状态进行逻辑"与"运算后得到的结果。

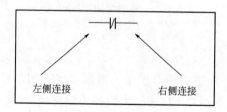

图 4-33 反向触点

图 4-34 所示为反向触点应用。input1 和 input2 为串联关系，当 input1 为假且 input2 也为假时，output1 为真，其他情况 output1 均为假。

图 4-34 反向触点用法示例

（3）脉冲上升沿触点

脉冲上升沿（或正向）触点支持在连接线状态与布尔变量的上升沿之间进行布尔运算。如图 4-35 所示。在左侧连接线的状态为"真"，所关联变量的状态由"假"上升为"真"时，触点右侧的连接线的状态将设为"真"。该状态在所有其他情况下都将重置为"假"。

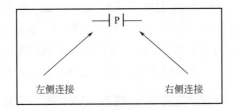

图 4-35　脉冲上升沿触点

图 4-36 所示为脉冲上升沿触点应用。input1 和 input2 为串联关系，当 input1 为真且 input2 为上升沿时，output1 为真，其他情况 output1 均为假。

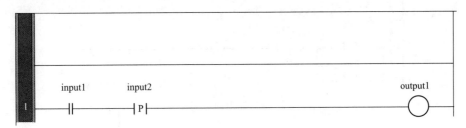

图 4-36　脉冲上升沿触点用法示例

（4）脉冲下降沿触点

脉冲下降沿（或负值）触点支持在连接线状态与布尔变量的下降沿之间进行布尔运算。如图 4-37 所示。左侧连接线的状态为"真"，所关联变量的状态由"真"下降为"假"时，触点右侧连接线的状态将设为"真"。该状态在所有其他情况下都将重置为"假"。

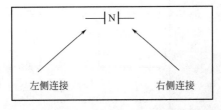

图 4-37　脉冲下降沿触点

图 4-38 所示为脉冲下降沿触点应用。input1 和 input2 为串联关系，当 input1 为真且 input2 为下降沿时，output1 为真，其他情况 output1 均为假。

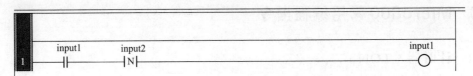

图 4-38　脉冲下降沿触点用法示例

注意：具有脉冲上升沿触点（正值）或脉冲下降沿触点（负值）的输出或变量一般

用于梯形图中的物理输入,要检测变量或输出的沿,建议使用 R_TRIG/F_TRIG 功能块,它支持所有语言,并且可在程序中的任何位置使用。

4.2.2.7 返回

返回是表示梯形图(LD)程序的条件性结束的输出。不能将连接放置在返回元素的右侧。当左侧连接线的布尔状态为"真"时,梯形图结束,而不会执行位于图的下几条线上的指令。当 LD 图为函数时,其名称与用于设置返回值(返回到调用图)的输出线圈关联。如图 4-39 所示,e 为真时不执行第二梯级,e 为假时向下执行。

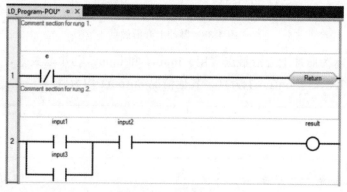

图 4-39 返回应用

4.2.2.8 跳转

符号≫LABEL-表示跳转到某标签,标签名称为"LABEL",用法如图 4-40。当 AND 输出为真时,跳转到标签为 LABEL 的梯级。

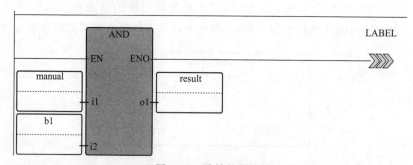

图 4-40 跳转的用法

梯形图编辑的键盘快捷键见附录 2。

4.3 Micro800 常用编程指令

4.3.1 计时器(TON)

计时器是常用的功能块指令之一,主要有以下 4 种,指令描述见表 4-6。其时间单位可以是 s、ms、min 等。

表 4-6 计时器功能块指令用途描述

功能块	描述
TON(打开延时计时器)	延时通计时
TOF(关闭延时计时器)	延时断计时
TONOFF(打开、关闭延时计时器)	在为真的梯级延时通,在为假的梯级延时断
TP(上升沿计时器)	脉冲计时

计时器指令为处理器提供以下信息:
① 计时区域。计时器控制数据存储的计时器区域的地址。
② 时间基准。确定计时器的工作方式。
③ 预设。指定在处理器设置 Done 位前,计时器必须达到的值。
④ 累加值。该指令统计的时间增量数。如已启用,则计时器将连续更新该值。

(1) 打开延时计时器（TON）

该计时器的功能是将内部计时器增加至指定值后产生输出,如图 4-41 所示。

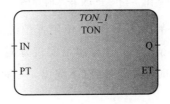

图 4-41　打开延时计时器（TON）

该指令适用于 Micro810、Micro820、Micro830、Micro850、Micro870 控制器和 Micro800 Simulator。具体参数见表 4-7。

表 4-7　打开延时计时器（TON）参数表

参数	参数类型	数据类型	描述
IN	输入	BOOL	输入控制 TRUE-如果是上升沿,内部计时器开始递增 FALSE-如果是下降沿,停止并复位内部计时器
PT	输入	TIME	使用时间数据类型定义最大编程时间
Q	输出	BOOL	TRUE-编程时间已过 FALSE-编程时间未过
ET	输出	TIME	当前已过去的时间。值的可能范围从 0ms 到 1193h2m47s294ms

图 4-42 为 TON 指令应用。该程序实现 IN 端输入 8s 后,Q 端产生输出。时序图如图 4-43 所示。

时间的当前值 ET：当 input1 有输入时,ET 值随其由 0 开始增加,直到达到 PT 值不再改变,input1 停止输入,则 ET 随之清零,即 ET 为输入开始后时间的当前值。

输出 Q：当 input1 的输入时间大于 PT 设定值 8s 时,output1 产生输出,直到 input1 的输入停止；如 input1 输入时间小于 PT 设定值 8s,则 output1 不产生输出。

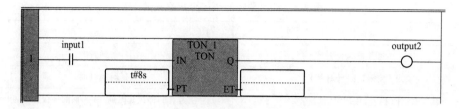

图 4-42 TON 指令应用示例一

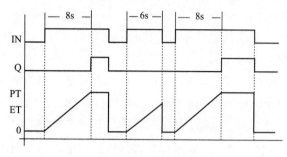

图 4-43 TON 指令时序图

如想将 input 的输入变成持续性信号，可使用置位线圈，如图 4-44 中 output1，再用 output1 控制 TON，得到 output3，这样也可实现延时 8s 产生输出。两种编程方法的区别在于一种是当信号持续时间不足 8s 时不输出，一种是只要有了信号，8s 后就产生输出。

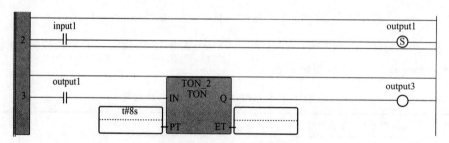

图 4-44 TON 指令应用示例二

图 4-45 为 TON 指令在故障停机控制中的应用。有些故障信号需要停机，而有些信号属于非故障信号，如果停机则会影响正常生产。假定这个故障信号并不是真正的故障信号，只是一个干扰信号，停机就变成虚惊一场。所以一般情况下会将信号延时一段时间，确定故障真实存在，再去故障停机。该程序便是使用了延时导通计时（TON）来实现这一功能。

将计时器的预定值定义为 3s，那么 TON 的梯级条件 Fault 能保持 3s，则故障输出动作的产生将延时 3s 执行。如果这是一个扰动信号，不到 3s 便已经消失，计时器 TON 的梯级条件随之消失，计时器复位，完成位 Q 不会输出，故障输出动作不会发生。故障动作延时时间可以根据现场实际情况来确定，挑选一个合适的延时时间即可。

（2）关闭延时计时器（TOF）

该计时器的功能是将内部计时器增加至指定值后停止输出。如图 4-46。

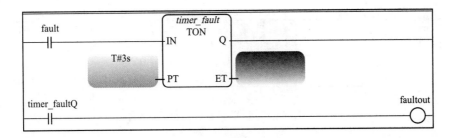

图 4-45 TON 在故障停机控制中的应用

图 4-46 关闭延时计时器（TOF）

该指令适用于 Micro810、Micro820、Micro830、Micro850、Micro870 控制器和 Micro800Simulator。具体参数见表 4-8。

表 4-8 关闭延时计时器（TOF）参数表

参数	参数类型	数据类型	描述
IN	输入	BOOL	输入控制 TRUE-检测到下降沿,内部计时器开始递增 FALSE-检测到上升沿,停止并复位内部计时器
PT	输入	TIME	最大编程时间 请参见 Time 数据类型
Q	输出	BOOL	TRUE-总时间未过 FALSE-总时间已过
ET	输出	TIME	当前已过去的时间。值的可能范围从 0ms 到 1193h2m47s294ms

图 4-47 为 TOF 指令的应用。该程序实现的是 IN 端有输入后，Q 端立即产生输出；IN 端停止输入后，Q 端过 6s 停止输出，时序图如图 4-48 所示。

时间的当前值 ET：当 input1 有输入时，ET 保持为 0，不随之变化；input1 停止输入后，其值开始增加，达到 PT 值 6s 并保持，直到 input1 再有输入，ET 值清 0，即 ET 为输入停止时间的当前值。

输出 Q：当 input1 有输入时，output1 即产生输出；当 input1 停止时间大于 PT 设定值 6s 时，output1 停止输出；如 input1 停止时间小于 PT 设定值 6s 又开始输入，则 output1 不停止，一直输出。

（3）打开、关断延时计时器（TONOFF）

该功能块用于在输出为真的梯级中延时通，在为假的梯级中延时断开。如图 4-49(a)。

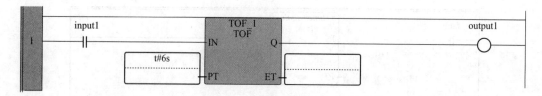

图 4-47 TOF 指令应用示例

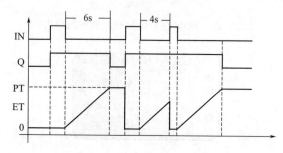

图 4-48 TOF 指令时序图

该指令适用于 Micro810、Micro820、Micro830、Micro850、Micro870 控制器和 Micro800 Simulator。具体参数见表 4-9。

表 4-9 打开、关断延时计时器（TONOFF）参数表

参数	参数类型	数据类型	描述
IN	输入	BOOL	输入控制 TRUE-检测到上升沿(IN 从 0 变为 1)： • 启动打开延时计时器(PT) • 如果编程关断延时(PTOF)未过，重启打开延时(PT)计时器 FALSE-检测到下降沿(IN 从 1 变为 0)： • 如果编程打开延时时间(PT)未过，停止 PT 计时器并复位 ET • 如果编程打开延时时间(PT)已过，启动关闭延时计时器(PTOF)
PT	输入	TIME	使用时间数据类型定义打开延时时间设置
PTOF	输入	TIME	使用时间数据类型定义关闭延时时间设置
Q	输出	BOOL	TRUE-编程打开延时时间已过，而编程关闭延时时间未过
ET	输出	TIME	当前已过去的时间。值的可能范围从 0ms 到 1193h2m47s294ms 如果编程的打开延时时间已经过，且关闭延时计时器未启动，则已经过时间(ET)仍为打开延时(PT)值。如果设定的关断延时时间已过，且关断延时计时器未启动，则上升沿再次发生之前，已过时间(ET)仍为关断延时(PTOF)值

图 4-49(b) 为 TONOFF 指令的应用实例。该例子是某输出开关的控制要求，当控制发出打开命令后，延时 3s 打开；控制发出关闭命令后，延时 2s 关闭。如果发出打开的命令后 3s 内接受关闭命令，则不打开；如果发出关闭命令后 2s 内接到打开命令，则不关闭。

通过 TONOFF 指令，很轻松地实现了这一功能。延时控制开关 in 作为 TONOFF 的梯级条件，开或关的任意情况会触发通电计时或断电计时，从而控制 out 输出。

使用计时器指令时应注意：

① 不要使用跳转跳过梯形图（LD）中的 TON 指令块。如果使用跳转，则 TON

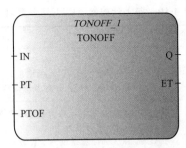

(a) 打开、关断延时计时器(TONOFF)

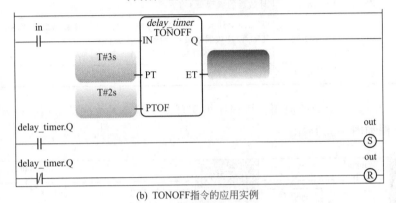

(b) TONOFF指令的应用实例

图 4-49　TONOFF 功能块与应用实例

计时器将在经过时间过去后继续。例如：梯级 1 包含一个跳转；梯级 2 包含一个 TON 指令块，延时时间为 10s，启用从梯级 1 到梯级 3 的跳转；在 30s 后禁用跳转；延时时间为 30s，而非延时时间中定义的 10s。

② 如果将 EN 参数用于 TON，则计时器在 EN 设为 TRUE 时开始递增，即使将 EN 设为 FALSE 也继续递增。

4.3.2　计数器（CTU）

（1）向上计数器（CTU）

该计数器的功能是从 0 到给定值逐个向上计数（整数），如图 4-50。

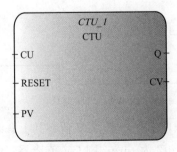

图 4-50　向上计数器（CTU）

该指令适用于 Micro810、Micro820、Micro830、Micro850、Micro870 控制器和 Micro800 Simulator。具体参数见表 4-10。

表 4-10　向上计数器（CTU）参数表

参数	参数类型	数据类型	描述
CU	输入	BOOL	向上计数 TRUE-检测到上升沿,以 1 为增量向上计数 FALSE-检测到下降沿,计数器值保持为相同值
RESET	输入	BOOL	Reset 用于根据向上计数值验证 PV 值 TRUE 将 CV 值设置为零 FALSE-以 1 为增量继续向上计数
PV	输入	DINT	计数器的编程最大值
Q	输出	BOOL	表示向上计数指令是否已生成大于或等于计数器最大值的数 TRUE-计数器结果＝＞PV(上溢条件) FALSE-计数器结果＜PV
CV	输出	DINT	当前计数器结果

图 4-51 为 CTU 指令的应用。该程序可实现 CU 端输入 6 次信号后，Q 端持续产生输出。时序图如图 4-52 所示。

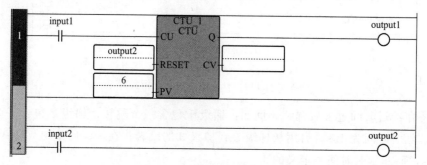

图 4-51　CTU 指令应用示例

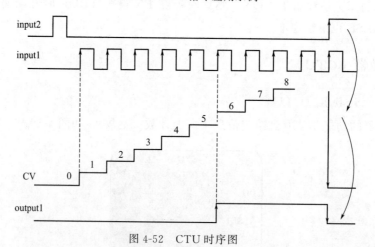

图 4-52　CTU 时序图

计数当前值 CV：当 input1 有输入时，CV 值在其上升沿加 1，达到 PV 值 6 后继续增加；如复位 RESET 端 output2 为 ture，则 CV 值清零。即 CV 是计数当前值。

输出 Q：CV 值为 6 时，output1 产生输出并保持；直到复位信号 input2 的输入（即 output2 为 true）停止；如 input1 计数未达到 6 而 input2 有输入（即 output2 为 true），则 CV 值清零，output1 不产生输出。

(2) 向下计数器（CTD）

该计数器的功能是从给定值到 0 逐个向下计数（整数）。如图 4-53。

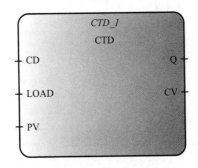

图 4-53 向下计数器（CTD）

该指令适用于 Micro810、Micro820、Micro830、Micro850、Micro870 控制器和 Micro800 Simulator。具体参数见表 4-11。

表 4-11 向下计数器（CTD）参数表

参数	参数类型	数据类型	描述
CD	输入	BOOL	向下计数 TRUE-检测到上升沿,以 1 为增量向下计数 FALSE-检测到下降沿,计数器值保持为相同值
LOAD	输入	BOOL	Load 用于根据向下计数值验证 PV 值 TRUE-设置 CV＝PV FALSE-以 1 为增量继续向下计数
PV	输入	DINT	计数器的编程最大值
Q	输出	BOOL	表示向下计数指令是否已生成小于或等于计数器最大值的数 TRUE-计数器结果＜＝0(上溢条件) FALSE-计数器结果＞0
CV	输出	DINT	当前计数器值

图 4-54 为 CTD 指令的应用。该程序依然可实现 CD 端输入 6 个信号沿后，Q 端持续产生输出。时序图如图 4-55 所示。

计数当前值 CV：当 input2 有输入时，output2 为 ture，则将 CV 值设为 PV 值；之后如 input1 有输入，每个上升沿使 CV 值减 1，直到减到 0 时，继续递减。

输出 Q：当 CV 值等于 PV 值 6 时，output1 停止输出；当 CV 减至 0 时，output1 开始输出并保持；直到下次 input2 再有输入，将 PV 值赋给 CV，output1 停止输出。

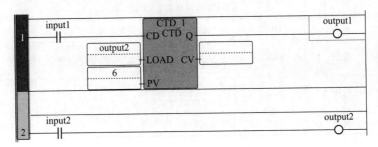

图 4-54 CTD 指令应用示例

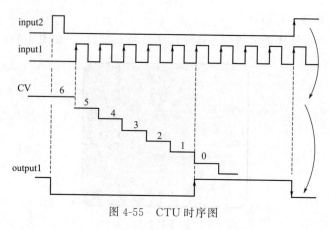

图 4-55 CTU 时序图

(3) 向上/向下计数器（CTUD）

该计数器的功能为从 0 到给定值逐个向上计数（整数），或从给定值到 0（逐个）向下计数，如图 4-56。

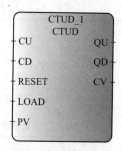

图 4-56 向上/向下计数器（CTUD）

该指令适用于 Micro810、Micro820、Micro830、Micro850、Micro870 控制器和 Micro800 Simulator。具体参数见表 4-12。

表 4-12 向上/向下计数器（CTUD）参数表

参数	参数类型	数据类型	描述
CU	输入	BOOL	TRUE-检测到上升沿，向上计数
CD	输入	BOOL	TRUE-检测到上升沿，向下计数
RESET	输入	BOOL	重置基准命令 （当 RESET 为 TRUE 时 CV=0）
LOAD	输入	BOOL	Load 命令。 TRUE-设置 CV=PV
PV	输入	DINT	编程最大值
QU	输出	BOOL	溢出 TRUE-当 CV>=PV 时
QD	输出	BOOL	下溢 TRUE-当 CV<=0 时
CV	输出	DINT	计数器结果

图 4-57 为 CTUD 指令的应用实例。这个程序要实现的功能是加减计数，梯级一是

一个自触发的计时器，TON_1.Q 每 3s 输出一个动作脉冲，并复位计时器，重新计时。梯级二使能 CTUD 加减计数器模块。梯级三通过 decrease 位使能减计数，这时当 TON_1.Q 位输出一个脉冲时，pv 值减一。同理，梯级四用来使能加计数。

也就是，在 decrease 有持续信号的情况下，每 3s CV 值减 1；在 increase 有持续信号的情况下，每 3s CV 值加 1。decrease 和 increase 信号不能同时计数。

梯级五用来使 CV 值置 0，使 CTUD 可从 0 开始向上增。

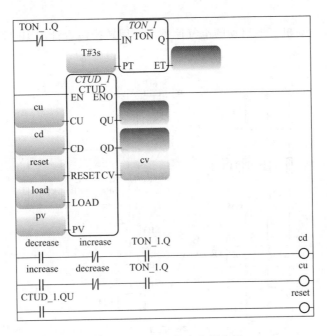

图 4-57　CTUD 指令应用实例

4.4　梯形图的编写方法

4.4.1　转换法

转换法就是将继电器-接触器控制电路图转换成与原有功能相同的 PLC 内部梯形图的方法。

(1) 基本方法

根据继电器电路图来设计 PLC 的梯形图时，关键是要抓住它们的一一对应关系，即控制功能的对应、逻辑功能的对应以及继电器硬件元件和 PLC 软件元件的对应。

(2) 转换设计的步骤

① 了解和熟悉被控设备的工艺过程和机械的动作情况，根据继电器电路图分析和掌握控制系统的工作原理，这样才能在设计和调试系统时心中有数。

② 确定 PLC 的输入信号和输出信号，画出 PLC 的外部接线图。

③ 确定 PLC 梯形图中的计时器和计数器等元素。

④ 根据对应关系画出 PLC 的梯形图。

⑤ 根据被控设备的工艺过程和机械的动作情况以及梯形图编程的基本规则，优化梯形图，使梯形图既符合控制要求，又具有合理性、条理性和可靠性。

【例】 按控制要求完成电动机多地启动的控制。

控制要求：

控制电动机在两地均可实现启动和停止。

设计要求：

按照图 4-58 电动机多地启动的电气原理图，用转换法设计出 PLC 控制的变量表和梯形图。

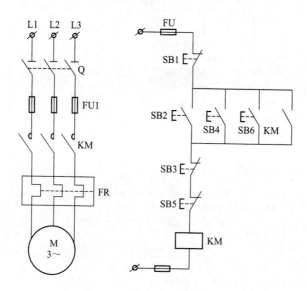

图 4-58 电动机多地启停继电器控制电路

建立变量表：

根据继电器控制电路，可以自行绘制出变量对照表。如表 4-13 所示。

表 4-13 电动机多地启停控制 PLC 变量表

名称	别名
_IO_EM_DO_00	KM
_IO_EM_DI_01	SB1
_IO_EM_DI_02	SB2
_IO_EM_DI_03	SB3
_IO_EM_DI_04	SB4
_IO_EM_DI_05	SB5
_IO_EM_DI_06	SB6

编写梯形图：

根据变量对应关系，可以在梯形图中逐一进行替换，如图 4-59。注意，线圈对应的触点也是直接对应转化成触点，变量名称不变。

初步转换后，要根据梯形图编写原则（项目 1 中已介绍）进行整理。将触点多的支路放左边，如图 4-60。

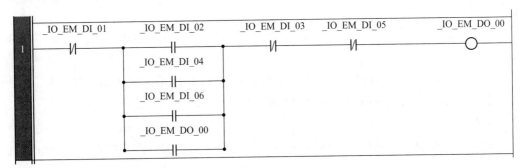

图 4-59　电动机多地启停梯形图程序 1

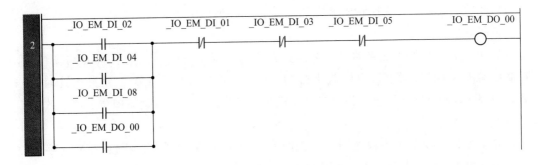

图 4-60　电动机多地启停梯形图程序 2

从整理后的梯形图可看出，梯形图中的控制关系与继电器控制电路中的控制关系是一致的。初级编程中，最直观、实用的结构还是启保停控制电路。

4.4.2　经验法

经验法是用设计继电器电路图的方法来设计比较简单的开关量控制系统的梯形图。

（1）基本方法

经验法是在一些典型电路的基础上，根据控制系统的具体要求，经过多次反复地调试、修改和完善，最后才能得到一个较为满意的结果。用经验法设计时，可以参考一些基本电路的梯形图或以往的一些编程经验。

（2）设计步骤

① 在准确了解控制要求后，合理地为控制系统中的信号分配 I/O 接口，并画出 I/O 分配图，即变量表。

② 对于一些控制要求比较简单的输出信号，可直接写出它们的控制条件，依启保停电路的编程方法完成相应输出信号的编程；对于控制条件较复杂的输出信号，可借助设置中间变量来编程。

③ 对于较复杂的控制，要正确分析控制要求，确定各输出信号的关键控制点。在以空间位置为主的控制中，关键点为引起输出信号状态改变的位置点；在以时间为主的控制中，关键点为引起输出信号状态改变的时间点。

④ 确定了关键点后,用启保停电路的编程方法或基本电路的梯形图,画出各输出信号的梯形图。

⑤ 在完成关键点梯形图的基础上,针对系统的控制要求,画出其他输出信号的梯形图。

⑥ 在此基础上,审查梯形图,更正错误,补充遗漏的功能,进行最后的优化。

【例】 按要求完成在两地控制两台电动机顺序启动的设计。

控制要求:

按下启动按钮,电动机 1 先启动 5s 后,2 才能启动;按下停止按钮,两台电动机同时停止;另外,两台电动机均可实现 A、B 两地控制,且带有误动作保护。

设计要求:

用经验法设计出完成控制要求的 PLC 变量表和梯形图。

控制分析:

启动控制。需在 A 点启动时,先合上 A 点启动保护开关,再按下 A 点启动按钮,控制电动机 M1 的接触器得电,电动机 M1 启动;同时定时器 TON_1 开始计时,5s 后,控制电动机 M2 的接触器得电,电动机 M2 启动。在 B 点启动原理与上述一致,不再赘述。

停车控制。需在 A 点停车时,需先断开 A 点停止保护开关,再按下 A 点停止按钮,电动机 M1 的接触器失电,电动机 M1 断电停车;同时定时器 TON_1 失电,使电动机 M2 停车。在 B 点停车的原理与上述一致,不再赘述。

建立变量表:

根据控制分析,整理得到变量表 4-14。

表 4-14 两地控制的两台电动机顺序启动控制变量表

名称	别名
TON_1	计时5s
_IO_EM_DI_01	A点启动SB1
_IO_EM_DI_02	B点启动SB2
_IO_EM_DI_03	A点启动保护S1
_IO_EM_DI_04	B点启动保护S2
_IO_EM_DI_05	急停SB5
_IO_EM_DI_06	A点停止SB6
_IO_EM_DI_07	A点停止保护S3
_IO_EM_DI_08	B点停止按钮SB8
_IO_EM_DI_09	B点停止保护S4
_IO_EM_DO_01	M1接触器KM1
_IO_EM_DO_02	M2接触器KM2

编写梯形图:

梯形图如图 4-61 所示。

此控制程序中加入了急停按钮,更能符合工作现场的控制要求。

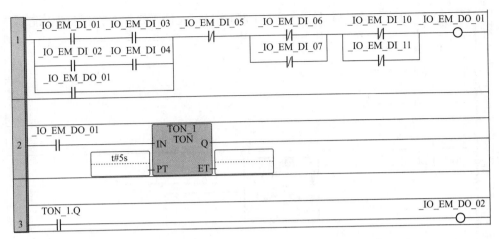

图 4-61 两地控制的两台电动机顺序启动控制梯形图

【例】 按要求完成两盏灯交替循环闪烁控制。

控制要求：

控制两盏灯交替闪烁并计数。第一盏灯亮 2s 熄灭，同时第二盏灯亮；2s 后第二盏灯熄灭，同时第一盏灯再亮；循环 3 次停止。

设计要求：

用经验法设计出完成控制要求的 PLC 变量表和梯形图。

控制分析：

首先，第一盏灯亮需要启动按钮，所以这里的启动按钮是第一个输入。虽然控制要求中没提到停止按钮，但根据现场控制需要，应该考虑到会有临时灭灯的情况，所以要加上停止按钮，即第二个输入。输出很容易判断出，就是两盏灯。

建立变量表：

根据控制分析，得到变量表 4-15。

表 4-15 两盏灯交替循环闪烁控制变量表

输入元件	输入端子	输出元件	输出端子	其他
启动按钮 SB1	DI_01	L1	DO_01	TON_1(L1 计时 2s)
停止按钮 SB2	DI_02	L2	DO_02	TON_2(L2 计时 2s)
				CTU_1(循环 3 次)

变量表的编写形式可自由制定，只要能起到辅助编程的作用就好。

编写梯形图：

两盏灯交替循环闪烁控制的梯形图如图 4-62 所示。

根据经验，既然有两个输出，那么梯形图中至少要有两个启保停的控制电路。

第 1 梯级是 DO_01 的启保停，DI_01 为启动，DO_01 得电后自锁，DI_02 为停止。

第 2 梯级本应是 DO_02 的启保停，但是根据控制要求，DO_02 没有启动按钮，它的启动信号应该是定时时间到，由定时器给出的。所以，这里第二个梯级先完成了定

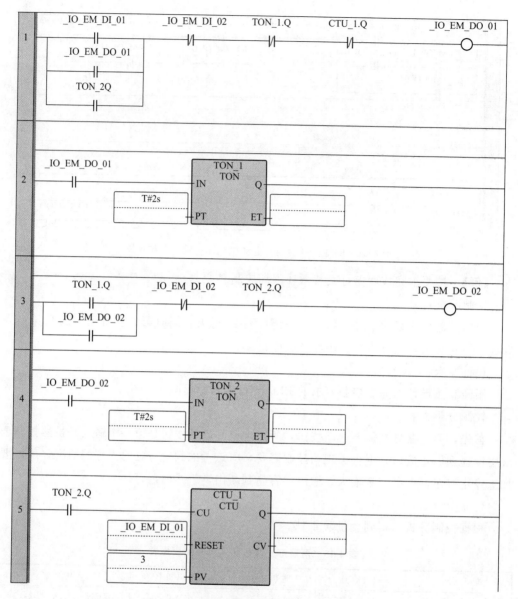

图 4-62 两盏灯交替循环闪烁控制的梯形图

时器的设定。DO01 得电后,用它的直接触点接通定时器 TON_1,计时 2s。

第 3 梯级:TON_1 计时时间到,其 TON_1.Q 直接触点闭合使 DO_02 接通,并自锁;同时要利用 TON_1.Q 的反向触点在第 1 梯级中断开 DO_01。

这样就完成了 L1 亮 2s 后熄灭,同时 L2 亮。

由于 L2 亮 2s 熄灭后,再让 L1 亮,所以第 4 个梯级来设计第二个定时器 TON_2。

第 4 梯级:DO_02 得电后,用它的直接触点接通定时器 TON_2,计时 2s。

TON_2 定时时间到,其 TON_2.Q 直接触点闭合使第 1 梯级中 DO_01 再次接通,同时其反向触点将在第 3 梯级中的 DO_02 断电。

这样完成了 L2 灭 L1 再亮,进行了一个完整的循环。控制要求中要实现的是三个循环,所以,当一个循环结束后,要进行计数。

第 5 梯级为计数环节的设计：由于定时器 TON_2 时间到是一个完整的循环结束，所以可以选择 TON_2 的输出作为计数信号。

TON_2.Q 接通后，计数器 CTU_1 数值增 1，即 CV 值由 0 变 1。下一个循环结束，计数器的计数值再增 1，直到数值变 3，完成三次完整的循环，用其反向触点 TON_1.Q 在第一梯级中将 DO_01 断开，使循环结束。

计数器的复位信号为 DI01。即每次按下启动按钮时给计数器复位。

在设计的过程中，要注意计时器和计数器的使用。

对于经验法的运用，主要在于对控制过程的分析、变量的确定和建立变量间的关系。初学习者在编程前应先绘制出变量对照表，将有助于理清编程逻辑关系，使编程思路更加清晰。

4.4.3 顺序控制设计法

前一节中，介绍了用经验设计法设计梯形图。使用经验设计法设计梯形图时，没有一套固定的方法和步骤可以遵循，具有很大的试探性和随意性，对于不同的控制系统，没有一种通用的容易掌握的设计方法。在设计较为复杂系统的梯形图时，需用大量的中间单元来完成记忆、连锁和互锁等功能。由于需要考虑的因素很多，它们往往又交织在一起，分析起来非常困难，并且很容易遗漏一些应该考虑的问题。修改某一局部电路时，又可能对系统的其他部分产生意想不到的影响。因此梯形图的修改也很麻烦，往往花了很长的时间还得不到一个满意的结果。用经验法设计出的梯形图往往很难阅读，给系统的修改和改进带来了很大的困难。

所谓顺序控制，就是按照生产预先规定的顺序，在各个输入信号的作用下，根据内部状态和时间的顺序，使生产过程中各个执行机构自动、有序地进行操作。

使用顺序控制设计法时首先应根据系统的工艺过程，画出顺序功能图，然后根据顺序功能图画出梯形图。有的 PLC 编程软件为用户提供了顺序功能图（Sequential function chart，SFC）语言，在编程软件中生成顺序功能图后便完成了编程工作。

顺序控制设计法是一种先进的设计方法，很容易被初学者接受，对于有经验的设计者也会提高设计的效率，程序的阅读和测试修改也很方便。某厂有经验的电气工程师用经验法设计某控制系统的梯形图，花了两周的时间，同一系统改用顺序控制设计法，只用了不到半天的时间，就完成了梯形图的设计和模拟调试，现场试车一次成功。

在顺序控制设计法中，先使用顺序功能图（SFC）进行控制设计，再运用启保停的编程方法或置位复位指令的编程方法，将顺序功能图编写成梯形图。

顺序功能图是描述控制系统的控制过程、功能和特性的一种图形，也是设计 PLC 的顺序控制程序的有力工具。其并不涉及所描述的控制功能的具体技术，是一种通用的技术语言，可以供进一步设计和不同专业的人员之间进行技术交流用。在 1993 年 5 月公布的 IEC PLC 标准（IEC1131）中，顺序功能图被定为位居 PLC 编程首位的编程语言。

1）顺序功能图的结构

顺序功能图主要由步、有向连线、转换、转换条件和动作（或指令）组成。

使系统由当前步进入下一步的信号为转换条件，转换条件可以是外部的输入信号，如按钮、指令开关、限位开关的接通和断开等，也可以是PLC内部产生的信号，如计时器、计数器常开触点的接通等，转换条件还可能是若干个信号的与、或、非逻辑组合。

顺序控制设计法用转换条件控制代表各步的编程元件，让它们的状态按一定的顺序变化，然后用代表各步的编程元件去控制PLC的各输出继电器。

顺序功能图的设计基本步骤如下。

（1）步的划分

通过分析被控对象的工作过程及控制要求，将系统的工作过程划分成若干个阶段，这些阶段称为"步"。步是根据PLC输出量的状态划分的，只要系统的输出量状态发生变化，系统就从原来的步进入新的步，用方框表示。在每一步内PLC各输出量状态均保持不变，但是相邻两步输出量总的状态是不同的。

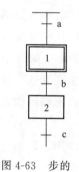

图 4-63 步的划分

步的载体可以由设计者自行定义变量，如"1、2、3"；"M1、M2、M3"；"S1、S2、S3"等，变量的编号最好与步序一致，方便编程。

如图 4-63 所示，其中变量1为起始步，用双线框表示。

（2）动作或命令

一个控制系统可划分为被控制系统和施控系统。例如在数控车床系统中，数控装置是施控系统，而车床是被控系统。对于被控系统，在某一步中要完成某些"动作"；对于施控系统，在某一步中则要向被控系统发出某些"命令"。为了叙述方便，下面将命令或动作统称为动作，并用矩形框中的文字或符号表示。该矩形框应与相应的步的符号相连，如图 4-64 中对应步 M3 的动作 A 和动作 B。当某一步有几个动作时，可以用图中的两种画法来表示，但是并不隐含这些动作之间的任何顺序。

图 4-64 多个动作的表示方法

说明命令的语句应清楚地表明该命令是存储型的还是非存储型的。例如某步的存储型命令"打开1号阀并保持"，是指该步为活动步时1号阀打开，该步为不活动步时继续打开；非存储型命令"打开1号阀"，是指该步为活动步时打开，为不活动步时关闭。

除了以上的基本结构之外，使用动作的修饰词（见表 4-16）可以在一步中完成不同的动作。修饰词允许在不增加逻辑的情况下控制动作。例如，可以使用修饰词 L 来限制配料阀打开的时间。

表 4-16 动作的修饰词

N	非存储型	当步变为不活动步时动作终止
S	置位(存储)	当步变为不活动步时动作继续,直到动作被复位
R	复位	被修饰词启动的动作被终止
L	时间限制	步变为活动步时动作被启动,直到步变为不活动步或设定时间到
D	时间延迟	步变为活动步时延迟定时器被启动,如果延迟之后步仍然是活动的,动作被启动和继续,直到步变为不活动步
P	脉冲	当步变为活动步,动作被启动并且只执行一次
SD	存储与时间延迟	在时间延迟之后动作被启动,一直到动作被复位
DS	延迟与存储	在延迟之后如果步仍然是活动的,动作被启动直到被复位
SL	存储与时间限制	步变为活动步时动作被启动一直到设定的时间到或动作被复位

(3) 有向连线

在顺序功能图中,随着时间的推移和转换条件的实现,将会发生步的活动状态的进展,这种进展按有向连线规定的路线和方向进行。在画顺序功能图时,将代表各步的方框按它们成为活动步的先后次序顺序排列,并用有向连线将它们连接起来。步的活动状态习惯的进展方向是从上到下或从左至右,在这两个方向有向连线上的箭头可以省略。如果不是上述的方向,应在有向连线上用箭头注明进展方向。在可以省略箭头的有向连线上,为了更易于理解也可以加箭头。

如果在画图时有向连线必须中断(例如在复杂的图中,或用几个图来表示一个顺序功能图时),应在有向连线中断之处标明,下一步的标号和所在的页数,如步 12、8 页等。

(4) 转换

转换用有向连线上与有向连线垂直的短划线来表示,转换将相邻两步分隔开。步的活动状态的进展是由转换的实现来完成的,并与控制过程的发展相对应。

(5) 转换条件

转换条件是使系统从当前步进入下一步的条件,可以用文字语言、布尔代数表达式或图形符号标注在表示转换的短线的旁边,使用得最多的是布尔代数表达式。

常见的转换条件有按钮、行程开关、计时器和计数器触点的动作(通/断)等。

(6) 顺序功能图的绘制

根据以上分析,画出描述系统工作过程的顺序功能图。这是顺序功能设计法中最关键的一个步骤。绘制顺序功能图的具体方法将在下节介绍。

(7) 梯形图的绘制

根据顺序功能图,采用某种编程方式设计出梯形图。常用的设计方法有两种:启-保-停编程方法、使用置位复位指令的编程方法。

2) 顺序功能图的类型

顺序功能图可以是单序列结构、选择序列结构或并行序列结构,根据控制要求的不同,选择合适的结构。

(1) 单序列

单序列结构的顺序功能图如图 4-65(a) 所示,转换条件只对应一步。

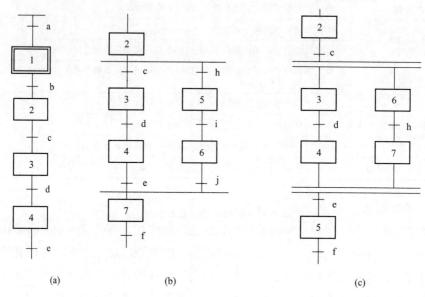

图 4-65 单序列、选择序列和并行序列

(2) 选择序列

选择序列的开始称为分支,如图 4-65(b) 所示。转换符号只能标在水平连线之下。如果步 2 是活动步,并且转换条件 $c=1$,将发生由步 2→步 3 的进展;如果步 2 是活动步,并且 $h=1$,将发生由步 2→步 5 的进展;如果 c 和 h 同时为 ON,将优先选择 c 对应的序列。一般只允许同时选择一个序列,即选择序列中的各序列是互相排斥的,其中的任何两个序列都不会同时执行。

选择序列的结束称为合并。几个选择序列合并到一个公共序列时,用需要重新组合的序列相同数量的转换符号和水平连线来表示,转换符号只允许标在水平连线之上。如图 4-65(b) 中,如果步 4 是活动步,并且转换条件 $e=1$,将发生由步 4→步 7 的进展;如果步 6 是活动步,并且 $j=1$,将发生由步 6→步 7 的进展。

(3) 并行序列

并行序列的开始称为分支〔见图 4-65(c)〕,当转换的实现导致几个序列同时激活时,这些序列成为并行序列。当步 2 是活动步,并且转换条件 $c=1$,3 和 6 这两步同时变为活动步,同时步 2 变为不活动步。为了强调转换的同步实现,水平连线用双线表示。步 3、6 被同时激活后,每个序列中活动步的进展将是独立的。在表示同步的水平双线之上,只允许有一个转换符号。并行序列用来表示系统的几个同时工作的独立部分的工作情况。

并行序列的结束称为合并〔见图 4-65(c)〕。在表示同步的水平双线之下,只允许有一个转换符号。当直接连在双线上的所有前级步(步 4、7)都处于活动状态,并且转换条件 $e=1$ 时才会发生步 4、7 到步 5 的进展,即步 4、7 同时变为不活动步,而步 5 变为活动步。

在每一个分支点,最多允许8条支路,每条支路的步数不受限制。

(4) 跳步、重复和循环

① 跳步。在生产过程中,有时要求在一定条件下停止执行某些原定动作,可用图 4-66(a) 所示的跳步序列。这是一种特殊的选择序列,当步 1 为活步时,若转换条件 f=1,b=0 时,则步 2、3 不被激活而直接转入步 4。

② 重复。在一定条件下,生产过程需重复执行某几个工步的动作,可按图 4-66(b) 绘制功能图。它也是特殊的选择序列,当步 4 为活步时,若转换条件 e=0 而 h=1 时,序列返回到步 3,重复执行步 3、4,直到转换条件 e=1 才转入步 7。

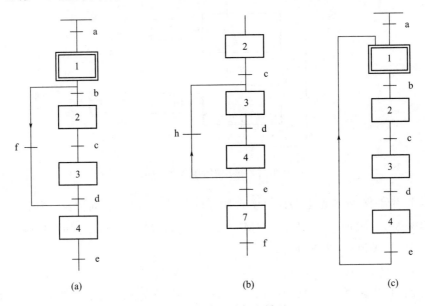

图 4-66 跳步、重复和循环

③ 循环。在序列结束后,用重复的办法直接返回到初始步,就形成了系统的循环,如图 4-66(c) 所示。

3) 顺序功能图的编程方法

这里介绍两种顺序功能图的编程方法。一是使用启保停电路的编程方法;二是使用置位复位指令的编程方法。以单序列顺序功能图为例,如图 4-67 所示。

(1) 启保停电路的编程方法

图 4-67 中的 M 为设定的变量,M 的编号对应各步的序号。某一步为活动步时,对应的变量为 ON,某一转换实现时,该转换的后续步变为活动步,前一级步变为不活动步。

M0_0 变为活动步的条件是满足初始条件 SM0_1(SM0_1 为使初始步置位的条件,程序中可以自行设置变量实现,具体用法见后续程序示例),或者 M0_3 为活动步且满足转换条件 I0_3。因此 M0_0 的启动条件为两个,即 SM0_1 和 M0_3+I0_3;由于这两个信号是瞬时起作用,需要 M0_0 自锁。

当 M0_0 为活动步而转换条件 I0_0 满足时,M0_1 变为活动步而 M0_0 变为不活动步,故 M0_0 的停止条件为 M0_1=1。

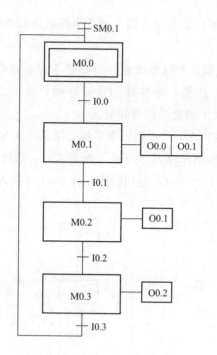

图 4-67 单序列的顺序功能图

所以采用启-保-停典型电路即可实现顺序功能图中 M0_0 的控制。如图 4-68 所示梯形图的梯级 1：SM0_1 或 I0_3＋M0_3 接通时，M0_0 得电同时自锁；当下一步 M0_1 得电时，M0_0 失电断开。

同理可以写出 M0_1～M0_3 的梯形图如梯级 2、3、4 所示。

梯级 2：I0_0＋M0_0 接通，M0_1 得电，同时自锁；当下一步 M0_2 得电时，M0_1 失电断开；

梯级 3：I0_1＋M0_1 接通，M0_2 得电，同时自锁；当下一步 M0_3 得电时，M0_2 失电断开；

梯级 4：I0_2＋M0_2 接通，M0_3 得电，同时自锁；当下一步 M0_0 得电时，M0_3 失电断开；

把步与步之间的关系写完后，再来写每一步的输出。

M0_1 步输出 O0_0，如梯级 5 所示：M0_1 接通，O0_0 得电；

M0_3 步输出 O0_2，如梯级 7 所示：M0_3 接通，O0_2 得电；

M0_1 步和 M0_2 步都输出动作 O0_1，如梯级 6 所示：M0_1 或 M0.2 得电，接通 O0_1；

这样，就用启-保-停的编程方法完成了梯形图的编写。

(2) 使用置位复位指令的编程方法

再用置位复位指令的编程方法来编写图 4-67 的单序列顺序功能图。

前面学过，线圈置位和线圈复位指令有记忆功能。使用时每步正常的维持时间不受转换条件信号持续时间长短的影响，因此不需要自锁；另外，采用置位复位指令在步序的传递过程中能避免两个及以上的变量同时有效，故也不用考虑步序间的互锁。

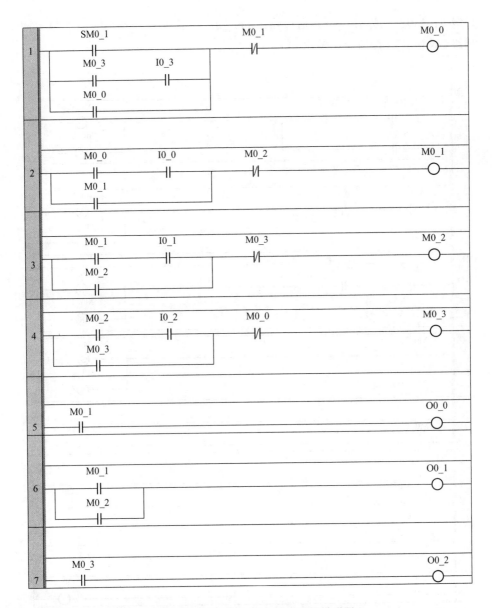

图 4-68 使用启-保-停电路编程的梯形图

梯形图如图 4-69 所示。由单序列的顺序功能图中可知，SM0_1 或者 M0_3 步为活动步且满足转换条件 I0_3 时都将使 M0_0 步变为活动步，且将 M0_3 步变为不活动步，采用置位复位法编写的梯形图程序如图中梯级 1 所示：M0_3+I0_3 或 SM0_1 都可置位 M0_0，同时复位 M0_3。

同样，M0_0 步为活动步且转换条件满足 I0_0 时，M0_1 步变为活动步而 M0_0 步变为不活动步，如梯级 2 所示：M0_0+I0_0 置位 M0_1，同时复位 M0_0。

依此类推，梯级 3：M0_1+I0_1 置位 M0_2，复位 M0_1。

梯级 4：M0_2+I0_2 置位 M0_3，复位 M0_2。

各步完成后对应写出各步的输出。

梯级 5：M0_1 接通输出 O0_0。

梯级6：M0_1或M0_2接通后输出O0_1。

梯级7：M0_3接通后，输出O0_3。

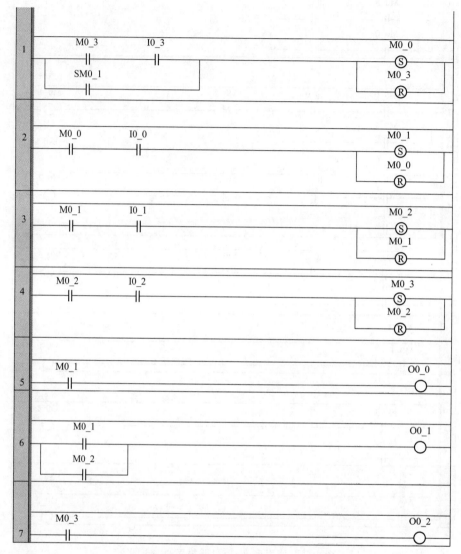

图4-69 使用置位线圈、复位线圈指令编写的梯形图

两种编写梯形图的方法都很方便，可根据自己的习惯和喜好选择使用。

4.5 项目实践

4.5.1 用转化法实现电动机正反转控制

用2080-LC50-48QBB实现电动机正反转控制。

图4-70是具有双重互锁的直流电动机正反转控制的电气原理图。根据转换法，首先按照继电器控制电路的形式，将其转换成梯形图。

图4-71所示为直接转换的结果。能够看出，梯形图的层次比较多，看起来比较复杂。

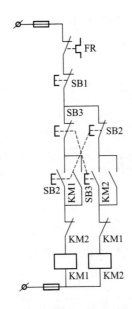

图 4-70 具有双重互锁的直流电动机正反转控制电气原理图

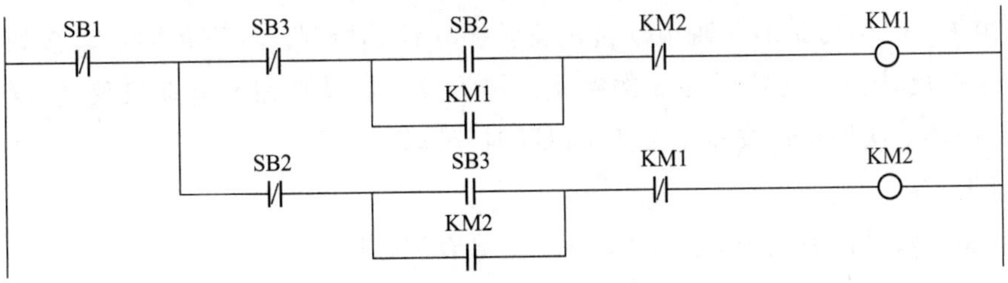

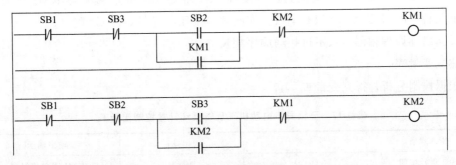

图 4-71 直接转换图

下面进行整理。先将一个梯级变为两个梯级，公共部分即 SB1 要分别画到两个梯级中。如此，得到了图 4-72 的一次简化。

图 4-72 一次简化图

现在的形式依然不是梯形图设计要求的标准形式，再来进行整理。

根据梯形图绘制的要求之一，"触点多的放左边"，可以得到标准的梯形图，如图 4-73。现在将三个图进行比较，可看出：图 4-73 的梯级图层次更加分明，也能从图中很容易地看出逻辑关系。其中有两个梯级，也是两个启保停控制电路。第一梯级的启动为 SB2，保持为 KM1，停止为 SB1，SB3 和 KM2 是附加条件；第二个梯级的启动是

SB3，保持是 KM2，停止是 SB1，SB2 和 KM1 是附加条件。这里能很直观地看出启保停控制电路的结构。

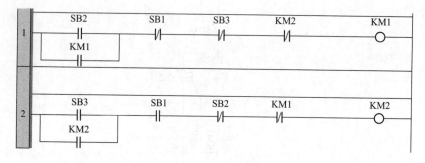

图 4-73 标准梯形图

最后，将其中的输入元件按钮和输出元件接触器替换成梯形图中对应的输入元素 DI 和输出元素 DO 即可，这里不再赘述。

4.5.2 用经验法实现三相异步电动机正反转循环计数控制

控制要求：

用 2080-LC50-48QBB 实现电动机正反转循环计数控制。按下正向启动按钮，电动机正转 5s 后反转 3s，交替循环 3 次停止；按下反向启动按钮，电动机反转 3s 后正转 5s，交替循环 3 次停止；按停止按钮可以随时停车。

设计要求：

用经验法设计出完成控制要求的 PLC 变量表和梯形图。

控制分析：

根据以上控制要求可知，按下正转按钮 SB1，正转接触器 KM1 得电，同时正转定时器 T0N1 开始计时。时间到正转接触器 KM1 断开，反转接触器 KM2 接通，同时反转定时器 TON2 开始计时。时间到反转接触器 KM2 断开，正转接触器 KM1 接通，同时接通正转定时器 T0N1，CTU 计 1。依此顺序循环，直到 CTU 计数到 3。

反向启动原理相同，只不过接通顺序相反。

建立变量表：

根据控制分析，得到变量表 4-17。

表 4-17 三相异步电动机正反转循环计数控制变量表

输入设备	输入端子	输出设备	输出端子
SB1 正转按钮	DI_01	DO_01	KM1 正向接触器
SB2 反转按钮	DI_02	DO_02	KM2 反向接触器
SB3 停止按钮	DI_03	其他	
		TON_1	正转计时器(5s)
		TON_2	反转定时器(3s)
		CTU_1	循环次数(3次)

编写梯形图:

三相异步电动机正反转循环计数控制的梯形图如图 4-74 所示。

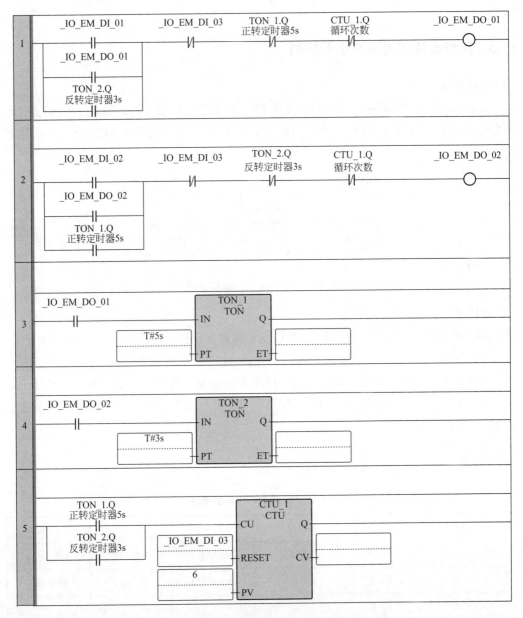

图 4-74 三相异步电动机正反转循环计数控制的梯形图

程序中用 TON_1.Q 接通反向电路,断开正向电路;TON_2.Q 接通正向电路,断开反向电路;CTU_1 计数 6 次后,CTU_1.Q 断开正反向电路。

注意,在这里 CTU_1 计数个数设为 6。因为该控制要求既能正向启动循环 3 次,也要能反向启动循环三次。如单独 TON_1 计数 3 次,反向启动时两个半循环就会停止;同理,单独 TON_2 计数 3 次,正向启动时两个半循环就会停止。因此,为了保证两个方向启动都能完整地进行 3 个循环,将两个定时器均作为计数信号,一共计数 6。计数器计数的有效值是信号的上升沿,使用时要格外注意。

另外,要注意对计数器的复位。这里使用了停止按钮作为计数器的复位信号。如果是循环计数结束后自动停车,下次启动前要先按下停止按钮将计数器复位才能正常运行程序。

4.5.3 用经验法实现运料小车控制

控制要求:

用 2080-LC50-48QBB 实现运料小车控制,运动过程如图 4-75。装料小车在原点处开始装料,10s 后右行,到 SQ2 位置后卸料,5s 后左行至行程开关 SQ1 处,再重复上述过程。

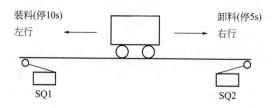

图 4-75 运料小车行程示意图

设计要求:

用经验法设计出完成控制要求的 PLC 变量表和梯形图。

控制分析:

本书 2.2.4 中已对该例子做过分析,这里不再重复。需注意的是,不管是左行还是右行,对应的都是启保停电路,即电机正转的启保停和反转的启保停,只要在两个主干中添加好条件即可。

建立变量表:

根据控制分析,得到变量表 4-18。

表 4-18 运料小车控制变量表

输入设备	输入端子	输出设备	输出端子	其他	对象
SB1(正启)	DI_20	KM1	DO11(右)	TON_1	装料(10s)
SB2(反启)	DI_22	KM2	DO13(左)	TON_2	卸料(5s)
SB3(停止)	DI_23				
SQ1(左限位)	DI_24				
SQ2(右限位)	DI_25				

编写梯形图:

运料小车控制梯形图如图 4-76 所示。

其中,梯级 1、2 是正反向控制;梯级 3、4 为右、左两个计时器控制,其中 B、A 是为了保持计时器连续得电设置的两个变量。另外,考虑到实际操作中可能需要中途停车,程序中设计了反向启动 DI_22。

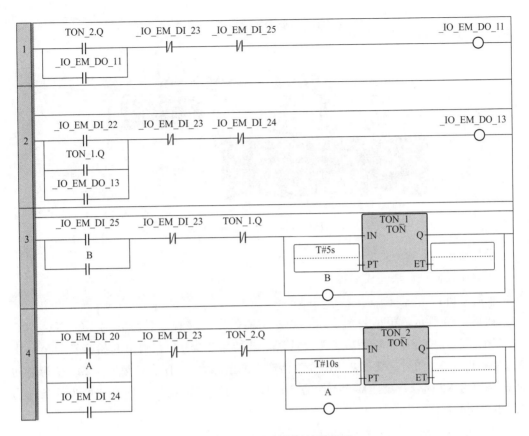

图 4-76 运料小车控制的梯形图

4.5.4 用顺序控制设计法实现液压进给装置运动控制（单序列应用）

控制要求：

用 2080-LC50-48QBB 实现液压进给装置运动控制。液压进给装置左行如图 4-77 所示。活塞杆最初停在 X2 处，按下启动按钮 X3 后，活塞杆在油压的作用下左行到 X1 处，碰到限位开关 X1 后返回；右行如图 4-78 所示，碰到限位开关 X2 后左行，碰到限位开关 X0 后右行，再次碰到限位开关 X2 后停止。

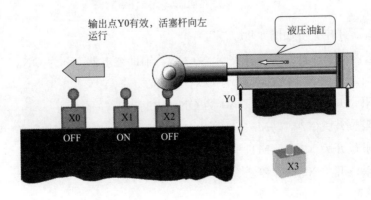

图 4-77 液压进给装置左行示意

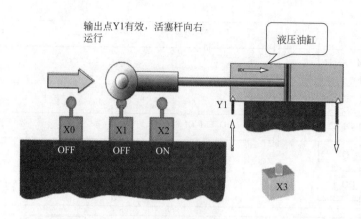

图 4-78 液压进给装置右行示意

设计要求：

用顺序控制设计法完成编程。

控制分析：

如图 4-79 所示，根据控制要求，顺序功能图中的转换条件分别为 X0、X1、X2、X3 四个控制开关，根据顺序功能图设计法，若初始步为 M0，则由起始步转为第一步 M1 的条件为 X3 闭合；第二步 M2 变为活动步的条件为 X1 闭合；第三步 M3 变为活动步的条件为 X2 闭合；第四部 M4 变为活动步的条件为 X0 闭合；回到初始步的条件为 X2 再次闭合。

经分析后可确定，该设计的顺序功能图应该是单序列结构。

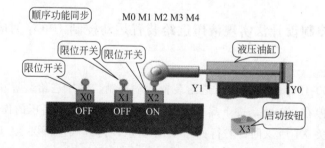

图 4-79 顺序功能图转换条件示意图

具体的运动过程分析如图 4-80 所示。

初始状态：活塞杆置右端，开关 X2 为 ON，辅助继电器 M0 为 ON。

① 按下启动按钮 X3，Y0、M1 为 ON，左行。

② 碰到限位开关 X1 时，M2、Y1 为 ON，右行。

③ 碰到限位开关 X2 时，M3、Y0 为 ON，左行。

④ 碰到限位开关 X0 时，M4、Y1 为 ON，右行。

⑤ 碰到限位开关 X2 时，停止。

建立变量表：

根据控制过程分析，变量表 4-19，并画出顺序功能图，如图 4-81。

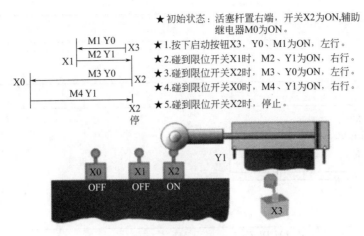

图 4-80 液压进给装置运动过程分析

表 4-19 液压进给装置运动控制

输入设备	输入端子	输出设备	输出端子
X0	DI_20	Y0	DO_11
X1	DI_21	Y1	DO_12
X2	DI_22		
X3	DI_23		
急停	DI_24		

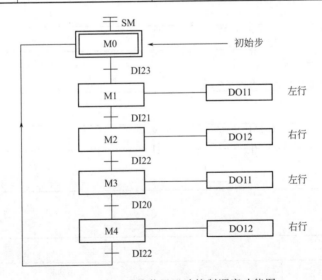

图 4-81 液压进给装置运动控制顺序功能图

从起始步 M0 到最后一步 M4，满足相应条件向下进行一步，同时上一步停止，最后返回到初始位置等待。

编写梯形图：

根据顺序功能图和变量表，这里用启保停的方法画出梯形图，如图 4-82。其每一个梯级都是用前面学过的启保停编程法完成的，在编写的时候注意顺序，不要有遗漏就可以了。

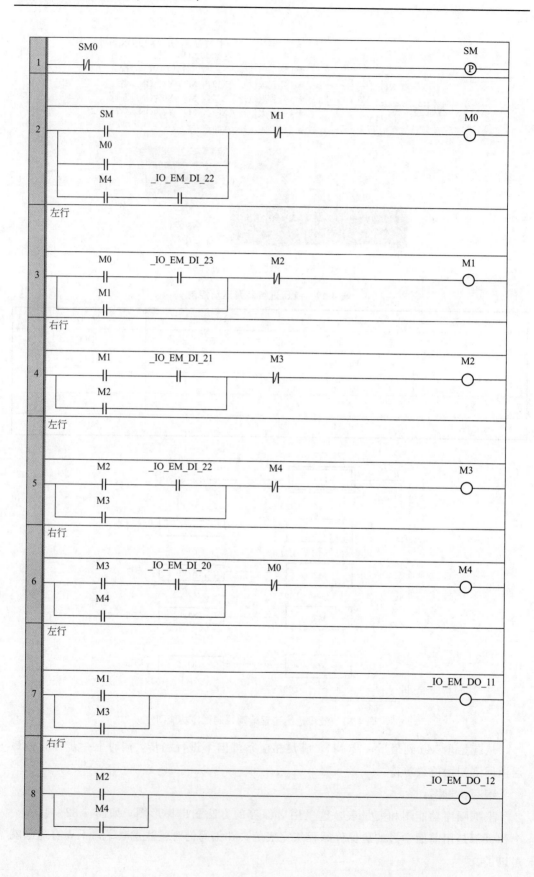

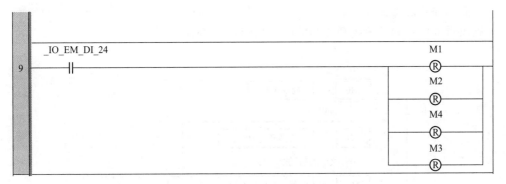

图 4-82 液压进给装置运动控制梯形图

本例中需注意的是,梯级 1 设立变量 SM0,用其常闭触点使 SM 触发一个脉冲,接通初始步 M0;梯级 9 为添加的急停程序,方便控制。

4.5.5 用顺序控制设计法实现自动门控制(选择序列应用)

控制要求:

用 2080-LC50-48QBB 实现自动门控制。当有人靠近自动门时,感应器 X0 为 ON,输出 Y0 变为 ON,驱动电动机正转高速开门;碰到开门减速开关 X1 时,输出 Y1 变为 ON,减速开门。

碰到开门极限开关 X2 时电动机停转,开始延时;1s 后 Y2 变为 ON,启动电动机反转高速关门。碰到关门减速开关 X4 时,输出 Y3 变为 ON,改为减速关门;碰到关门极限开关 X5 时电动机停转。在关门期间若感应器检测到有人则停止关门,延时 1s 后自动转换为高速开门。

设计要求:

用顺序控制设计法完成编程。

控制分析:

按照控制要求,在关门时可能出现有人出门的情况。所以,这里的顺序功能图应该是带有选择分支的。

建立变量表:

根据控制要求建立变量表 4-20。

表 4-20 自动门控制变量表

输入设备	输入端子	输出设备	输出端子
X0	DI_20	Y0	DO_11
X1	DI_21	Y1	DO_12
X2	DI_22	Y2	DO_13
X4	DI_24	Y3	DO_14
X5	DI_25	其他	
急停	DI_26	TON_0	开门计时(1s)
		TON_1	关门计时(1s)

绘制顺序功能图：

画出自动门控制系统的顺序功能图，如图 4-83 所示。

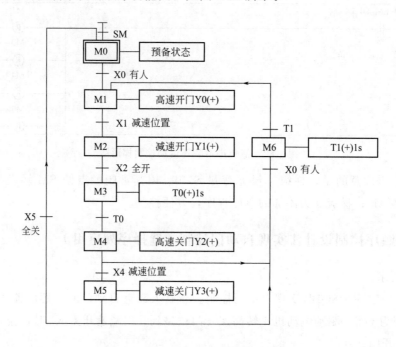

图 4-83　自动门控制系统的顺序功能图

初始步为 M0。

人靠近自动门时，感应器 X0 为 ON，M1 变为活动步，控制电动机正向高速旋转的输出 Y0 变为 ON，驱动电动机正转高速开门；

碰到开门减速开关 X1 时，M2 变为活动步，正向低速旋转的输出 Y1 变为 ON，减速开门；

碰到开门极限开关 X2 时，M3 变为活动步，电动机停转，延时计时器 TON_0 开始计时；

1s 后，M4 变为活动步，控制电动机反向高速的输出 Y2 变为 ON，启动电动机反转高速关门；

碰到关门减速开关 X4 时，M5 变为活动步，控制电动机反向低速的输出 Y3 变为 ON，改为减速关门；

碰到关门极限开关 X5 时，M0 变为活动步，电动机停转。

若在高速关门期间，即 M4 为活动步时，感应器 X0 检测到有人，则分支 M6 变为活动步，TON_1 开始计时，1s 后自动转换为高速开门。

若在减速关门期间，即 M5 为活动步时，感应器 X0 检测到有人，则分支 M6 变为活动步，TON_1 计时，1s 后自动转换为高速开门。

这里当其中任何一步变为活动步时，上一步同时复位。

编写梯形图：

根据顺序功能图和变量表，用启保停的方法画出梯形图 4-84。

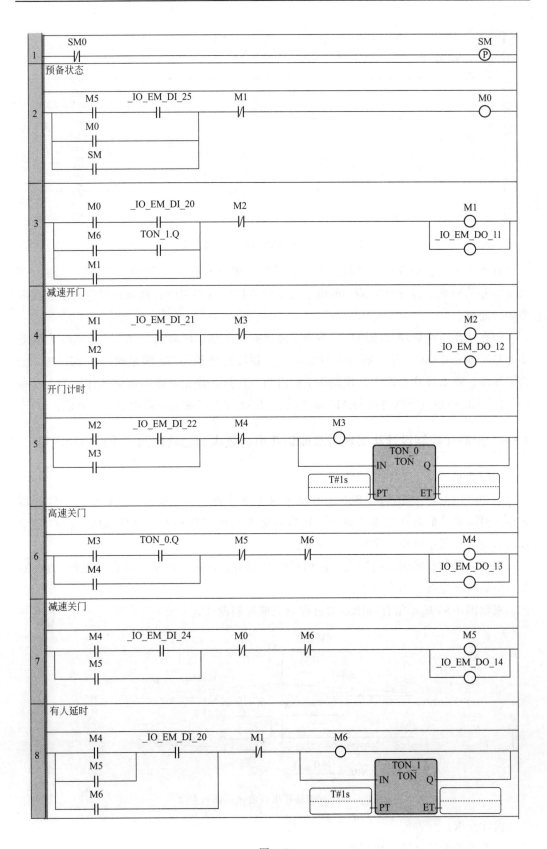

图 4-84

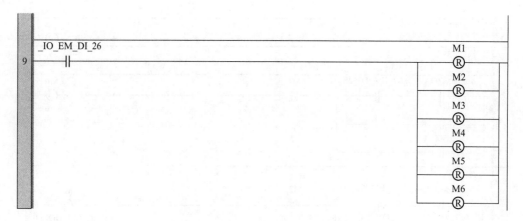

图 4-84 自动门控制系统顺序梯形图

这里需要注意对选择序列的合并。如果每一步之前有 N 个转换,则该步电路由 N 条支路并列而成,各支路由某一前级步对应的直接触点与相应转换条件对应的触点或电路串联而成。

如在该例子的顺序功能图中,步 M1 之前有一个选择序列的合并,当步 M0 为活动步并且转换条件 X0 满足,或 M6 为活动步,并且转换条件 T1 满足时,步 M1 都应变为活动步。那么在梯形图中,控制 M1 的启动、保持、停止电路的启动条件应为 M0 和 DI_20 的直接触点串联电路与 M6 和 TON_1.Q 的直接触点串联电路进行并联。

4.5.6 用顺序控制设计法实现对双面钻孔组合机床的运动控制(并行序列应用)

控制要求:

用 2080-LC50-48QBB 实现对组合机床的运动控制。组合机床是针对特定工件和特定加工要求设计的自动化加工设备,通常由标准通用部件和专用部件组成,PLC 是组合机床电气控制系统中的主要控制设备。

用于双面钻孔的组合机床在工件相对的两面钻孔,机床由动力滑台提供进给运动,刀具电动机固定在动力滑台上。

根据图 4-85 所示组合机床运动过程,完成控制设计。

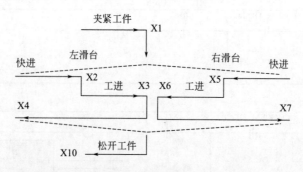

图 4-85 双面钻孔组合机床运动示意图

设计要求:

用顺序控制设计法完成编程。

控制分析:

按照控制要求,工件装入夹具后,按下启动按钮 X0,加紧工件的电动机启动。工件被夹紧至限位开关 X1 的位置时,两侧的左、右动力滑台同时进行快速进给、工作进给和快速退回的加工循环。两侧的加工均完成后,动力滑台返回原位,工件被松开至限位开关 X10 的位置时,完成一次加工。

根据运动过程,当工件被夹紧后,两侧的左、右动力滑台同时进行工作,由此确定,顺序功能图应该是并行序列。

该顺序功能图中的转换条件应分别为 X1、X2、X3、X4、X5、X6、X7、X10 和启动 X0,各转换条件对应各自的步。

建立变量表:

根据分析建立变量表 4-21。

表 4-21 双面钻孔组合机床变量表

输入设备	输入端子	输出设备	输出端子
X0	DI_20	Y0	DO_18
X1	DI_21	Y1	DO_11
X2	DI_22	Y1	DO_12
X3	DI_23	Y3	DO_13
X4	DI_24	Y4	DO_14
X5	DI_25	Y5	DO_15
X6	DI_26	Y6	DO_16
X7	DI_27	Y7	DO_17
X10	DI_19		

画出顺序功能图如图 4-86 所示。

M0 为初始位置。按下启动按钮 X0,M1 变为活动步,工件被夹紧,直到限位开关 X1 变为 ON,并行序列中两个子序列的起始步 M2 和 M6 变为活动步,左侧工作台快速进给对应的输出 Y1 和右侧工作台快速进给对应的输出 Y4 接通,两侧工作台实现快速进给。

先看左侧工作台的工作情况:

进给到 X2 的位置,M3 变为活动步,工作进给对应的输出 Y2 接通,开始左侧钻孔;

钻孔进给到 X3 的位置,钻孔结束,M4 变为活动步,退回对应的输出 Y3 接通,工作台快速退回;

退回到原位 X4,M5 变为活动步,进行等待。

再来看右侧工作台的情况:

进给到 X5 的位置,M7 变为活动步,工作进给对应的输出 Y5 接通,开始右侧钻孔;

钻孔进给到 X6 的位置,钻孔结束,M8 变为活动步,退回对应的输出 Y6 接通,

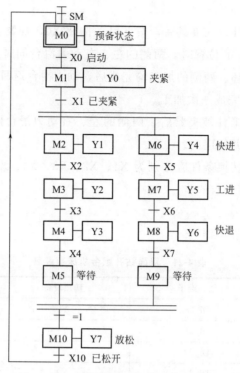

图 4-86 双面钻孔组合机床顺序功能图

工作台快速退回：

退回到原位 X7，M9 变为活动步，进行等待。

当 M5 和 M9 均为活动步时，无条件进行到下一步 M10，工件放松对应的输出 Y7 接通，松开工件。

松开到 X10 的位置，返回初始步 M0。

这样，完成一次加工工作。

图中并行序列中的两个子序列分别用来表示左、右侧滑台的进给运动，两个子序列应同时开始工作并同时结束。实际上左、右滑台的工作是先后结束的，为了保证并行序列中的各子序列同时结束，在各子序列的末尾各增设一个等待步 M5 和 M9，它们没有什么操作。如果两个子序列分别进入了步 M5 和 M9，表示两侧滑台的快速退回均已结束，限位开关 X4 和 X7 均已动作，应转换到步 M10，将工件松开。因此步 M5 和 M9 之后的转换条件为"=1"，表示应无条件转换，在梯形图中，该转换可等效为一根短接线或理解为不需要转换条件。

编写梯形图：

根据顺序功能图和变量表，使用置位复位指令的编程方法画出梯形图 4-87。

这里需注意的是：在顺序功能图中，步 M1 之后有一个并行序列的分支，当 M1 是活动步，并且满足转换条件 X1 时，步 M2 与步 M6 应同时变为活动步，这里是用 M1 和 X1 的常开触点组成的串联电路，使 M2 和 M6 同时置位来实现的；与此同时，步 M1 应变为不活动步，这里是用复位指令来实现的，如梯级 4 中所示。

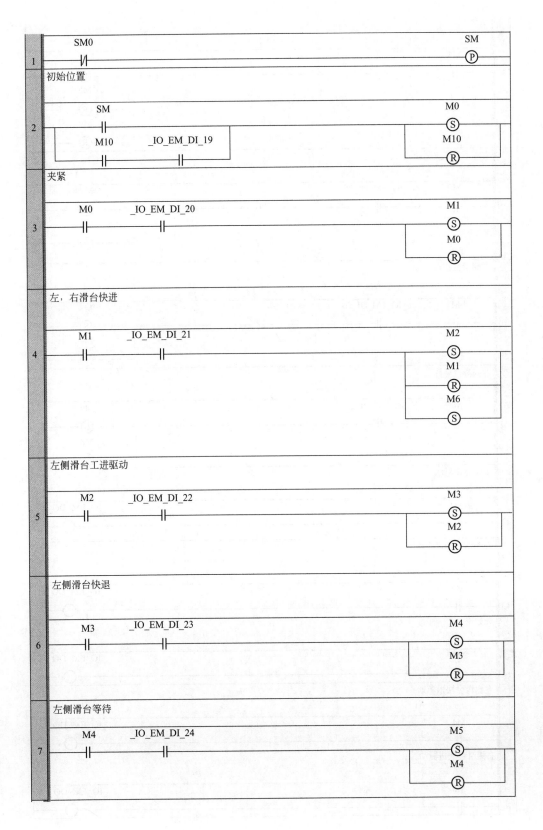

图 4-87

```
                松开工件
         ┌─ M5 ────── M9 ─────────────────────────────── M10 ─┐
         │  ┤├         ┤├                                  (S) │
      8  │                                                     │
         │                                                 M5  │
         │                                                 (R) │
         │                                                 M9  │
         │                                                 (R) │

            右侧滑台工进驱动
         ┌─ M6 ────── _IO_EM_DI_25 ──────────────────────── M7 ─┐
      9  │  ┤├         ┤├                                  (S) │
         │                                                 M6  │
         │                                                 (R) │

            右侧滑台快退
         ┌─ M7 ────── _IO_EM_DI_26 ──────────────────────── M8 ─┐
     10  │  ┤├         ┤├                                  (S) │
         │                                                 M7  │
         │                                                 (R) │

            右侧滑台等待
         ┌─ M8 ────── _IO_EM_DI_27 ──────────────────────── M9 ─┐
     11  │  ┤├         ┤├                                  (S) │
         │                                                 M8  │
         │                                                 (R) │

            工件夹紧驱动
         ┌─ M1 ────────────────────────────────── _IO_EM_DO_18 ┐
     12  │  ┤├                                              ( ) │

            左侧滑台快进驱动
         ┌─ M2 ────────────────────────────────── _IO_EM_DO_11 ┐
     13  │  ┤├                                              ( ) │

            左侧滑台工进驱动
         ┌─ M3 ────────────────────────────────── _IO_EM_DO_12 ┐
     14  │  ┤├                                              ( ) │

            左侧滑台快退驱动
         ┌─ M4 ────────────────────────────────── _IO_EM_DO_13 ┐
     15  │  ┤├                                              ( ) │

            右侧滑台快进驱动
         ┌─ M6 ────────────────────────────────── _IO_EM_DO_14 ┐
     16  │  ┤├                                              ( ) │
```

图 4-87 双面钻孔组合机床梯形图

另外,步 M10 之前有一个并行序列的合并。该转换实现的条件是所有的前级步(即步 M5 和 M9)都是活动步,因为转换条件是"=1",即不需要转换条件,因此在梯形图中,只需将 M5 和 M9 的常开触点串联,作为使 M10 置位和使 M5,M9 复位的条件,如梯级 8 中所示。

知识拓展4　TP、RTO、DOY、TDF、TOW的使用

1) 脉冲计时器（TP）

该功能块用于遇到上升沿,内部计时器增计时至给定值,若计时时间达到,则重置内部计时器。如图 4-88。

图 4-88　脉冲计时器（TP）

该指令适用于 Micro810、Micro820、Micro830、Micro850、Micro870 控制器和 Micro800 Simulator。具体参数见表 4-22。

表 4-22　脉冲计时器（TP）参数表

参数	参数类型	数据类型	描述
IN	输入	BOOL	TRUE-如果是上升沿,内部计时器开始递增(如果尚未递增) FALSE-如果计时器的时间已过,将复位内部计时器 计数期间对 IN 的任何更改都不生效
PT	输入	TIME	使用时间数据类型定义最大编程时间
Q	输出	BOOL	TRUE-计时器正在计时 FALSE-计时器没有计时
ET	输出	TIME	当前已过去的时间 值的可能范围从 0ms 到 1193h2m47s294ms

图 4-89 为 TP 指令的应用。该程序实现的是 IN 端有输入的上升沿后，Q 端立即产生输出，6s 后停止。时序图如图 4-90 所示。

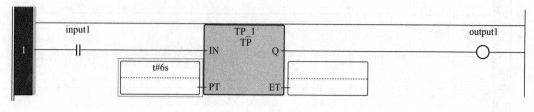

图 4-89　TP 指令应用示例

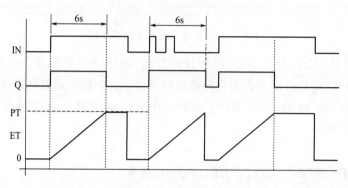

图 4-90　TP 时序图

时间的当前值 ET：当 input1 有输入时，ET 开始增加，达到 PT 值 6s 并保持，直到 input1 输入停止，ET 值清 0；如 input1 在 ET 到达 PT 值前已停止，则 ET 到达 PT 值时同时清 0。

输出 Q：当 input1 有输入时，output1 即产生输出，6s 后停止。output1 是否输出与 input1 端输入的时长无关，只与 input1 的上升沿和 PT 设定值有关。

从上述可以看出，在输入 IN 的上升沿脉冲计时器开始计时，当计时器开始工作后，就不受 IN 干扰，直至计时完成才接受 IN 的控制。此外，输出 Q 也与之前的计时器不同，计时器开始计时时，Q 由 0 变为 1，计时结束后，再由 1 变为 0。所以 Q 可以表示计时器是否在计时状态。

2）保持计时器（RTO，打开延时）

RTO 指令块如图 4-91 所示。当输入处于活动状态时增加内部计时器，但当输入变为不活动状态时不复位内部计时器。参数如表 4-23 所示。时序图如图 4-92 所示。

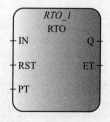

图 4-91　RTO 指令块

表 4-23 RTO 指令块参数

参数	参数类型	数据类型	描述
IN	输入	BOOL	输入控制 TRUE-上升沿，开始增加内部计时器 FALSE-下降沿，停止且不复位内部计时器
RST	输入	BOOL	TRUE-上升沿，复位内部计时器 FALSE-不复位内部计时器
PT	输入	TIME	编程的最大打开延时时间。使用时间数据类型定义 PT
Q	输出	BOOL	TRUE-编程的打开延时时间已经过 FALSE-编程的打开延时时间未经过
ET	输出	TIME	当前已过去的时间 值的范围从 0ms 到 1193h2m47s294ms 使用时间数据类型定义 ET

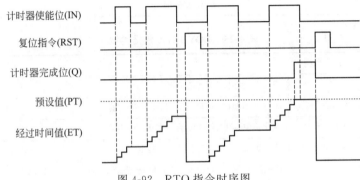

图 4-92 RTO 指令时序图

操作详细信息：

① Micro810 或 Micro820 控制器，RTO 内部计时器不会默认在断电重启过程中保持不变。要保持内部计时器不变，请将保留的配置参数设置为真。

② Micro830 或 Micro850 控制器，RTO 内部计时器在断电重启过程中保持不变。

③ 支持的语言为"功能块图""梯形图"和"结构化文本"。

④ 该指令适用于 Micro810、Micro820、Micro830、Micro850、Micro870 控制器和 Micro800 Simulator。

3) 检查实时时钟的年份（DOY）

DOY 指令块如图 4-93 所示。如果实时时钟（RTC）的值位于"年时间"设置范围内，则开启输出。参数如表 4-24 所示。DOYDATA 数据类型描述见表 4-25。

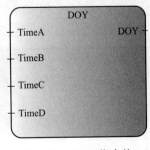

图 4-93 DOY 指令块

表 4-24 DOY 指令块参数

参数	参数类型	数据类型	描述
EN	输入	BOOL	启用指令 TRUE-执行操作 FALSE-不执行操作
TimeA	输入	DOYDATA	通道 A 的年时间设置 DOYDATA 数据类型用于配置 TimeA
TimeB	输入	DOYDATA	通道 B 的年时间设置 DOYDATA 数据类型用于配置 TimeB
TimeC	输入	DOYDATA	通道 C 的年时间设置 DOYDATA 数据类型用于配置 TimeC
TimeD	输入	DOYDATA	通道 D 的年时间设置 DOYDATA 数据类型用于配置 TimeD
DOY	输出	BOOL	如果为 TRUE,则实时时钟的值在四个通道任意之一的"年时间"设置范围内

表 4-25 DOYDATA 数据类型

参数	数据类型	描述
启用	BOOL	TRUE:启用;FALSE:禁用
YearlyCenturial	BOOL	计时器类型(0:年计时器;1:世纪计时器)
YearOn	UINT	年开始值(必须位于集合[2000…2098]内)
MonthOn	USINT	月开始值(必须位于集合[1…12]内)
DayOn	USINT	日期开始值(必须位于"MonthOn"值确定的集合[1…31]内)
YearOff	UINT	年结束值(必须位于集合[2000…2098]内)
MonthOff	USINT	月结束值(必须位于集合[1…12]内)
DayOff	USINT	日期结束值(必须位于"MonthOn"值确定的集合[1…31]内)

操作详细信息:

① 如果 RTC 不存在,则输出始终为关闭。

② 在"DOYDATA 数据类型"表中指定的有效范围内配置 Time 输入参数。如果将 TimeX.Enable 设置为 TRUE 且 RTC 存在并已启用,则无效的值会导致控制器出现故障。

③ 支持的语言为"功能块图""梯形图"和"结构化文本"。

4)时间差(TDF)

TDF 指令块如图 4-94 所示。功能为计算 TimeA 和 TimeB 之间的时间差。参数如表 4-26 所示。

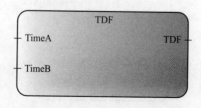

图 4-94 TDF 指令块

表 4-26　RTO 指令块参数

参数	参数类型	数据类型	描述
EN	输入	BOOL	启用指令 TRUE-执行当前计算 FALSE-不执行任何计算 适用于梯形图编程
TimeA	输入	TIME	时间差计算的开始时间
TimeB	输入	TIME	时间差计算的结束时间
ENO	输出	BOOL	启用"输出" 适用于梯形图编程
TDF	输出	TIME	两个时间输入的时间差 TDF 为名称或 PIN ID

操作详细信息：

① 该指令适用于 Micro810、Micro820、Micro830、Micro850、Micro870 控制器和 Micro800 Simulator；

② 支持的语言为"功能块图""梯形图"和"结构化文本"。

5）实时时钟复选周（TOW）

TOW 指令块如图 4-95 所示。如果实时时钟（RTC）的值位于"周时间"设置范围内，则开启输出。参数如表 4-27 所示。

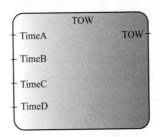

图 4-95　TOW 指令块

表 4-27　TOW 指令块参数

参数	参数类型	数据类型	描述
EN	输入	BOOL	启用指令 当 EN=TRUE 时，执行该操作 当 EN=FALSE 时，不执行该操作
TimeA	输入	TOWDATA	通道 A 的"日时间"设置 使用 TOWDATA 数据类型定义 TimeA
TimeB	输入	TOWDATA	通道 B 的"日时间"设置 使用 TOWDATA 数据类型定义 TimeB
TimeC	输入	TOWDATA	通道 C 的"日时间"设置 使用 TOWDATA 数据类型定义 TimeC
TimeD	输入	TOWDATA	通道 D 的"日时间"设置 使用 TOWDATA 数据类型定义 TimeD
TOW	输出	BOOL	如果为 TRUE，则实时时钟的值在四个通道任意之一的"日时间"设置范围内

TOWDATA 的数据类型如表 4-28 所示。

表 4-28　TOWDATA 数据类型

参数	数据类型	描述
启用	BOOL	TRUE:启用;FALSE:禁用
DailyWeekly	BOOL	计时器类型(0:日计时器;1:周计时器)
DayOn	USINT	星期开始值(必须位于集合[0...6]内)
HourOn	USINT	小时开始值(必须位于集合[0...23]内)
MinOn	USINT	分钟开始值(必须位于集合[0...59]内)
DayOff	USINT	星期结束值(必须位于集合[0...6]内)
HourOff	USINT	小时结束值(必须位于集合[0...23]内)
MinOff	USINT	分钟结束值(必须位于集合[0...59]内)

操作详细信息：

① 如果 RTC 不存在，则输出始终为关闭。

② 使用在"TOWDATA 数据类型"中指定的有效范围配置 Time 输入参数。如果将 TimeX.Enable 设置为 TRUE 且 RTC 存在并已启用，则无效的值会导致控制器出现故障。

③ 支持的语言为"功能块图""梯形图"和"结构化文本"。

④ 该指令适用于 Micro810、Micro820、Micro830、Micro850、Micro870 控制器和 Micro800 Simulator。

习　题

1. 为什么 PLC 中的触点可无数次使用？
2. Micro800 系列 PLC 的计时器有哪些？各有什么特点？
3. Micro800 系列输入接口电路分类及电源使用情况？
4. 简述计时器的用途。
5. 如果梯形图线圈前的触点是工作条件，计时器和计数器工作条件有什么不同？
6. 简述将继电-接触器电路图转换成为功能相同的可编程序控制器的梯形图其步骤是什么？
7. 编写本书 2.4 章节例题中各控制的梯形图。
8. 有一个指示灯，控制要求为：按下启动按钮，亮 5s，熄灭 5s，重复 5 次后停止工作。设计出符合控制要求的梯形图。
9. 设计用一个按钮控制电动机启停的梯形图。
10. 某零件加工过程分三道工序，共需 24s，时序要求如图 4-96，试编制完成控制要求的梯形图。
11. 按时序图 4-97 设计梯形图。

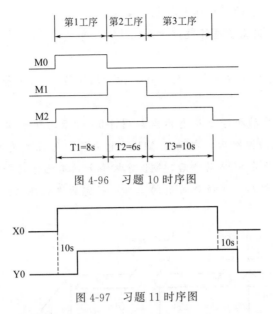

图 4-96 习题 10 时序图

图 4-97 习题 11 时序图

12. 设计一段程序，实现 6 个灯的循环点亮。

13. 某锅炉的鼓风机和引风机的控制要求为：开机后，先启动引风机，10s 后开启鼓风机；停机时，先关鼓风机，5s 后关引风机，试用 PLC 设计满足上述控制要求的程序。

14. 设计一个智力抢答赛控制程序，控制要求为：

当主持人按下允许抢答按钮后，方可抢答；某竞赛者抢先按下按钮，该竞赛者桌上的抢答指示灯亮，竞赛者共三人；主持人按下复位按钮后，抢答指示灯熄灭。

15. 设计一台包装机的计数控制电路，此电路用来对装配线上的产品进行检测和计数。要求检测到每 10 个产品通过时，产生一个输出，接通电磁阀进行包装，再进行下一道工序。

16. 设计生产车间零件计数程序，每生产出一个零件加一，每检测出一个不合格产品减一，计数到 20 接通传送带送入下一工序。

17. 试设计一个 30h40min 的长延时电路程序。

18. 试设计一个照明灯的控制程序。当按下按钮后，照明灯可发光 30s；如果在这段时间内又有人按下按钮，则时间间隔从头开始；确保在最后一次按完按钮后，灯光可维持 30s 的照明。

19. 使用置位、复位指令，编写两套电动机（两台）的控制程序，两套程序控制要求如下：

① 启动时，电动机 M1 先启动，才能启动电动机 M2；停止时电动机 M1、M2 同时停止。

② 启动时，电动机 M1、M2 同时启动；停止时，只有电动机 M2 停止后，电动机 M1 才能停止。

20. 使用顺序控制程序结构，编写出实现红、黄、绿 3 种颜色信号灯循环显示程序（要求循环时间为 1s），并画出该程序设计的顺序功能图。

21. 进行鼠笼电动机的可逆运转控制，要求：

① 启动时，可根据需要选择旋转方向；

② 可随时停车；

③ 需要反向旋转时，按反向启动按钮，但必须等待 6s 后才能自动接通反向旋转的主电路。

22. 多个传送带启动和停止状态示意如图 4-98 所示，初始状态为各个电动机都处于停止状态。按下启动按钮后，电动机 M1 通电运行；行程开关 SQ1 动作后，电动机 M2 通电运行；行程开关 SQ2 动作后，M1 断电停止。其他传动带动作类推。整个系统循环工作。按停止按钮后，系统把目前的工作进行完后停止在初始状态。试设计出符合该控制要求的梯形图。

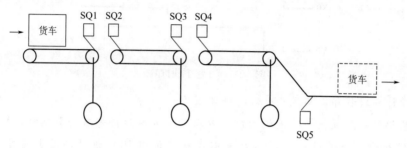

图 4-98 习题 22 图

23. 设计十字路口交通信号灯的控制程序：交通信号灯按图 4-99 所示规律循环；另设手控程序，以备特殊情况为纵向或横向通行开绿灯；在夜间，东西和南北向都只有黄灯闪亮，1s 一次，另加声响器与黄灯同步鸣响。

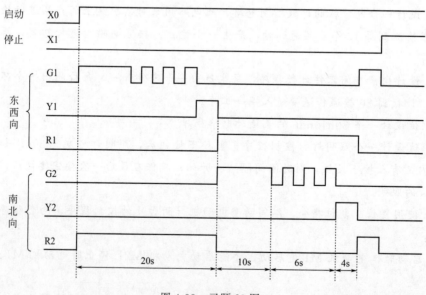

图 4-99 习题 23 图

项目5

Micro800编程进阶

5.1 比较指令简介及应用

5.1.1 比较指令（Comparators）简介

比较功能块指令主要用于数据之间的大小、等于等比较，是编程中的一种简单有效的指令。其用途描述见表 5-1。

表 5-1 比较指令（Comparators）

指令	描述
（=）Equal	将第一个输入与第二个输入进行比较以确定是否相等。适用于整形、实型、时间、日期和字符串数据类型
（>）Greater Than	比较输入值以确定第一个输入是否大于第二个输入
（>=）Greater Than or Equal	比较输入值以确定第一个输入是否大于或等于第二个输入
（<）Less Than	比较输入值以确定第一个输入是否小于第二个输入
（<=）Less Than or Equal	比较输入值以确定第一个输入是否小于或等于第二个输入
（<>）Not Equal	比较输入值以确定第一个输入是否不等于第二个输入

5.1.2 等于和不等于指令（Equal & Not Equal）

（1）Equal

如图 5-1，该指令执行将第一个输入与第二个输入进行比较，以确定整型、实型、时间、日期和字符串数据类型是否相等的运算。参数见表 5-2。

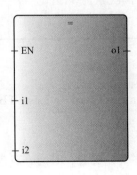

图 5-1 Equal 功能块

表 5-2　Equal 功能块参数表

参数	参数类型	数据类型	说明
EN	输入	BOOL	启用指令 TRUE＝执行输入比较 FALSE＝不执行任何比较 仅适用于梯形图
i1	输入	BOOL\SINT\USINT\BYTE\INT \UINT\WORD\DINT\UDINT \DWORD\LINT\ULINT\LWORD \REAL\LREAL\TIME\DATE\STRING	所有输入的数据类型必须相同 时间输入适用于结构文本、梯形图和功能块图语言 不建议实型数据类型进行等值比较
i2	输入	BOOL\SINT\USINT\BYTE\INT \UINT\WORD\DINT\UDINT \DWORD\LINT\ULINT\LWORD \REAL\LREAL\TIME\DATE\STRING	
o1	输出	BOOL	TRUE（如果 i1＝i2）

指令用法见 5.2.3 赋值指令（MOV）。

（2）Not Equal

如图 5-2，该指令执行比较整型、实型、时间、日期和字符串等的输入值，以确定第一个输入是否不等于第二个输入。参数见表 5-3。

表 5-3　Not Equal 功能块参数表

参数	参数类型	数据类型	说明
EN	输入	BOOL	启用指令 TRUE＝执行输入比较 FALSE＝不执行任何比较 仅适用于梯形图
i1	输入	BOOL\SINT\USINT\BYTE\INT \UINT\WORD\DINT\UDINT \DWORD\LINT\ULINT\LWORD \REAL\LREAL\TIME\DATE\STRING	所有输入的数据类型必须相同
i2	输入	BOOL\SINT\USINT\BYTE\INT \UINT\WORD\DINT\UDINT \DWORD\LINT\ULINT\LWORD \REAL\LREAL\TIME\DATE\STRING	
o1	输出	BOOL	TRUE（如果 i1＜＞i2）

具体应用见 5.2.2。

5.1.3　大于和小于指令（Greater Than & Less Than）

（1）Greater Than

如图 5-3，该指令执行比较整型、实型、时间、日期和字符串等的输入值，以确定第一个输入是否大于第二个输入。参数见表 5-4。

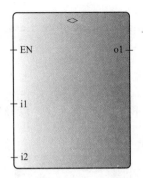

图 5-2 Not Equal 功能块

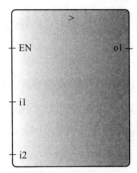

图 5-3 Greater Than 功能块

表 5-4 Greater Than 功能块参数表

参数	参数类型	数据类型	说明
EN	输入	BOOL	启用指令 TRUE=执行输入比较 FALSE=不执行任何比较 仅适用于梯形图
i1	输入	BOOL\SINT\USINT\BYTE\INT\UINT\WORD\DINT\UDINT\DWORD\LINT\ULINT\LWORD\REAL\LREAL\TIME\DATE\STRING	所有输入的数据类型必须相同
i2	输入	BOOL\SINT\USINT\BYTE\INT\UINT\WORD\DINT\UDINT\DWORD\LINT\ULINT\LWORD\REAL\LREAL\TIME\DATE\STRING	所有输入的数据类型必须相同
o1	输出	BOOL	TRUE(如果 i1>i2)

(2) Less Than

如图 5-4,该指令执行比较整型、实型、时间、日期和字符串输入值,以确定第一个输入是否小于第二个输入。参数见表 5-5。

表 5-5 Less Than 功能块参数表

参数	参数类型	数据类型	说明
EN	输入	BOOL	启用指令 TRUE=执行输入比较 FALSE=不执行任何比较 仅适用于梯形图
i1	输入	BOOL\SINT\USINT\BYTE\INT\UINT\WORD\DINT\UDINT\DWORD\LINT\ULINT\LWORD\REAL\LREAL\TIME\DATE\STRING	所有输入的数据类型必须相同
i2	输入	BOOL\SINT\USINT\BYTE\INT\UINT\WORD\DINT\UDINT\DWORD\LINT\ULINT\LWORD\REAL\LREAL\TIME\DATE\STRING	所有输入的数据类型必须相同
o1	输出	BOOL	TRUE(如果 i1<i2)

5.1.4 大于等于和小于等于指令(Greater Than or Equal & Less Than or Equal)

(1) Greater Than or Equal

图 5-5,该指令执行比较整型、实型、时间、日期和字符串输入值,以确定第一个输入是否大于或等于第二个输入。参数见表 5-6。

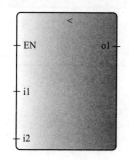

图 5-4 Less Than 功能块

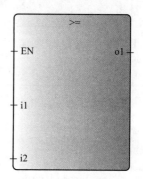

图 5-5 Greater Than or Equal 功能块

表 5-6 Greater Than or Equal 功能块参数表

参数	参数类型	数据类型	说明
EN	输入	BOOL	启用指令 TRUE=执行输入比较 FALSE=不执行任何比较 仅适用于梯形图
i1	输入	BOOL\SINT\USINT\BYTE\INT\UINT\WORD\DINT\UDINT\DWORD\LINT\ULINT\LWORD\REAL\LREAL\TIME\DATE\STRING	所有输入的数据类型必须相同
i2	输入	BOOL\SINT\USINT\BYTE\INT\UINT\WORD\DINT\UDINT\DWORD\LINT\ULINT\LWORD\REAL\LREAL\TIME\DATE\STRING	
o1	输出	BOOL	TRUE(如果 i1>=i2)

(2) Less Than or Equal

如图 5-6,该指令执行比较整型、实型、时间、日期和字符串输入值,以确定第一个输入是否小于或等于第二个输入。参数见表 5-7。

表 5-7 Less Than or Equal 功能块参数表

参数	参数类型	数据类型	说明
EN	输入	BOOL	启用指令 TRUE=执行输入比较 FALSE=不执行任何比较 仅适用于梯形图

续表

参数	参数类型	数据类型	说明
i1	输入	BOOL\SINT\USINT\BYTE\INT\UINT\WORD\DINT\UDINT\DWORD\LINT\ULINT\LWORD\REAL\LREAL\TIME\DATE\STRING	所有输入的数据类型必须相同
i2	输入	BOOL\SINT\USINT\BYTE\INT\UINT\WORD\DINT\UDINT\DWORD\LINT\ULINT\LWORD\REAL\LREAL\TIME\DATE\STRING	
o1	输出	BOOL	TRUE(如果 i1≤i2)

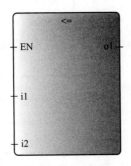

图 5-6 Less Than or Equal 功能块

下面通过一个例子,介绍比较指令的使用方法。

梯形图程序如图 5-7,功能为控制红灯和绿灯的循环亮灭,红灯前 5s 亮,后 5s 灭;绿灯前 5s 灭,后 5s 亮。

梯级 1,按下启动按钮 SB1,START 置位。

梯级 2,按下停止按钮 SB2,START 复位。

梯级 3,自复位计时器,其作用为根据 TON_1.ET 值的大小,控制红、绿灯的亮灭,并实现 10s 循环计时(具体见梯级 4 和 5)。当 START 闭合,增定时器 TON_1 开始计时,TON_1.ET 值从 0 每秒增 1。

梯级 4,如小于等于指令中 i1 的输入值 TON_1.ET 值小于 i2 的设定值 5,则其 O1 输出,使红灯亮起,绿灯保持复位熄灭状态。

梯级 5,如大于指令中 i1 的输入值 TON_1.ET 值大于 i2 的设定值 5,则其 O1 输出,这时红灯熄灭,绿灯亮起。

当梯级 3 中 TON_1.ET 值增到 10 时,TON_1.Q 输出,其反向触点断开使定时器复位断电,其 ET 值恢复为 0。随之 TON_1.Q 复位,定时器重新开始计时,两灯重新交替亮起,往复循环。

需要停止时,按下第 2 梯级中的 SB1,START 被复位,第三梯级中的 START 断开,定时器停止,循环停止。

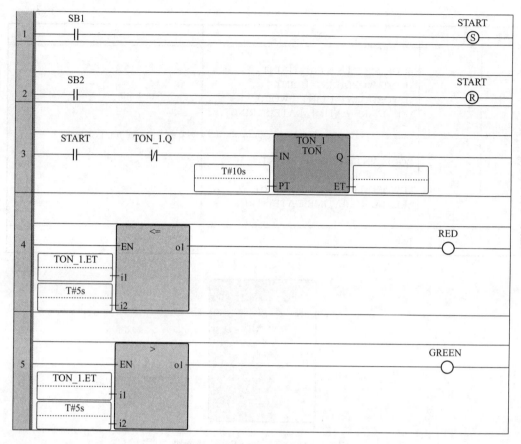

图 5-7 比较指令梯形图应用举例

5.2 算术指令简介及应用

5.2.1 算术指令简介

算术类功能块指令主要用于实现算术函数关系，如三角函数、指数幂、对数等。该类指令具体描述见表 5-8。

表 5-8 算术类功能块指令用途描述

功能块	描述
ABS(绝对值)	取一个实数的绝对值
ACOS(反余弦)	取一个实数的反余弦
ACOS_LREAL(长实数反余弦值)	取一个 64 位长实数的反余弦
ASIN(反正弦)	取一个实数的反正弦
ASIN_LREAL(长实数反正弦值)	取一个 64 位长实数的反正弦
ATAN(反正切)	取一个实数的反正切
ATAN_LREAL(长实数反正切值)	取一个 64 位长实数的反正切

续表

功能块	描述
COS(余弦)	取一个实数的余弦
COS_LREAL(长实数余弦值)	取一个 64 位长实数的余弦
EXPT(整数指数幂)	取一个实数的整数指数幂
LOG(对数)	取一个实数的对数(以 10 为底)
MOD(除法余数)	取模数
POW(实数指数幂)	取一个实数的实数指数幂
RAND(随机数)	随机值
SIN(正弦)	取一个实数的正弦
SIN_LREAL(长实数正弦值)	取一个 64 位长实数的正弦
SQRT(平方根)	取一个实数的平方根
TAN(正切)	取一个实数的正切
TAN_LREAL(长实数正切值)	取一个 64 位长实数的正切
TRUNC(取整)	把一个实数的小数部分截掉(取整)
Multiplication(乘法指令)	两个或两个以上变量相乘
Addition(加法指令)	两个或两个以上变量相加
Subtraction(减法指令)	两个变量相减
Division(除法指令)	两个变量相除
MOV(移动指令)	把一个变量分配到另一个中
Neg(取反)	整数取反

下面介绍几种常用的算术指令。

5.2.2 移动指令（MOV）

如图 5-8，该指令执行将输入（i1）值分配给输出（o1）。参数见表 5-9。

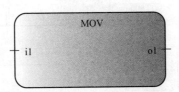

图 5-8 移动指令（MOV）功能块

表 5-9 移动指令（MOV）功能块参数表

参数	参数类型	数据类型	说明
EN	输入	BOOL	启用指令 TRUE-执行直接链接到输出的计算 FALSE-不执行任何计算

续表

参数	参数类型	数据类型	说明
i1	输入	BOOL\SINT\USINT\BYTE\INT\UINT\WORD\DINT\UDINT\DWORD\LINT\ULINT\LWORD\REAL\LREAL\TIME\DATE\STRING	输入和输出必须使用相同的数据类型
o1	输出	BOOL\SINT\USINT\BYTE\INT\UINT\WORD\DINT\UDINT\DWORD\LINT\ULINT\LWORD\REAL\LREAL\TIME\DATE\STRING	
ENO	输出	BOOL	启用"输出"

【例】 梯形图程序如图5-9，用MOV指令实现两灯交替闪烁，时间间隔0.5s。

梯级1：给变量loop赋值1。

梯级2：如loop等于1，则计时器TON_1开始计时。0.5s后灯L1亮起，同时给loop赋值2。

梯级3：如loop等于2，则计时器TON_2开始计时。0.5s后灯L2亮起，同时给loop赋值1，进行循环。

梯级4：DI_20有输入，将0赋值给loop，将L1和L2复位。实现可随时将两灯熄灭。

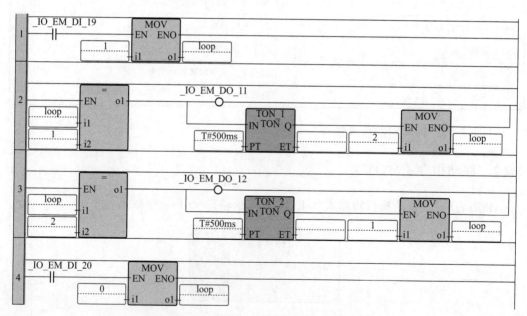

图5-9　MOV指令实现两灯交替闪烁控制梯形图

5.2.3　加（Addition）、减（Subtraction）、乘（Multiplication）、除（Division）运算指令

（1）加（Addition）

如图5-10，该指令执行两个整型、实型、时间或字符串值等相同数据相加。参数

见表 5-10。

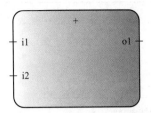

图 5-10 加（Addition）功能块

表 5-10 加（Addition）功能块参数表

参数	参数类型	数据类型	说明
EN	输入	BOOL	启用指令 TRUE=执行当前相加计算 FALSE=不执行任何计算 仅适用于梯形图编程
i1	输入	SINT\USINT\BYTE\INT\UINT\WORD\DINT\UDINT\DWORD\LINT\ULINT\LWORD\REAL\LREAL\TIME\STRING	整型、时间或字符串数据类型的加数 所有输入的数据类型必须相同
i2	输入	SINT\USINT\BYTE\INT\UINT\WORD\DINT\UDINT\DWORD\LINT\ULINT\LWORD\REAL\LREAL\TIME\STRING	
o1	输出	SINT\USINT\BYTE\INT\UINT\WORD\DINT\UDINT\DWORD\LINT\ULINT\LWORD\REAL\LREAL\TIME\STRING	实型、时间或字符串格式的输入值的和 输入和输出必须使用相同的数据类型
ENO	输出	BOOL	启用"输出" 仅适用于梯形图编程

（2）减（Subtraction）

如图 5-11，该指令执行用一个整型、实型或时间等值减去另一个同类型数据值。参数见表 5-11。

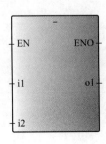

图 5-11 减（Subtraction）功能块

表 5-11 减（Subtraction）功能块参数表

参数	参数类型	数据类型	说明
EN	输入	BOOL	启用指令 TRUE-执行当前相加计算 FALSE-不执行任何计算 仅适用于梯形图编程
i1	输入	SINT\USINT\BYTE\INT \UINT\WORD\DINT\UDINT \DWORD\LINT\ULINT\LWORD \REAL\LREAL\TIME\STRING	任意整型、实型或时间数据类型的被减数 任意整型、实型或时间数据类型的减数 所有输入的数据类型必须相同
i2	输入	SINT\USINT\BYTE\INT \UINT\WORD\DINT\UDINT \DWORD\LINT\ULINT\LWORD \REAL\LREAL\TIME\STRING	
o1	输出	SINT\USINT\BYTE\INT \UINT\WORD\DINT\UDINT \DWORD\LINT\ULINT\LWORD \REAL\LREAL\TIME\STRING	任何整型、实型或时间数据类型的被减数和减数的区别 输出数据类型必须与输入相同
ENO	输出	BOOL	启用"输出" 仅适用于梯形图编程

（3）乘（Multiplication）

如图 5-12，该指令执行两个相同数据类型值相乘。参数见表 5-12。

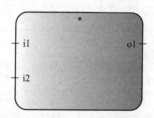

图 5-12 乘（Multiplication）功能块

表 5-12 乘（Multiplication）功能块参数表

参数	参数类型	数据类型	说明
EN	输入	BOOL	启用指令 TRUE-执行当前相乘计算 FALSE-不执行任何计算 仅适用于梯形图编程
i1	输入	SINT\USINT\BYTE\INT \UINT\WORD\DINT\UDINT \DWORD\LINT\ULINT\LWORD \REAL\LREAL\TIME\STRING	整型或实型数据类型的因数 所有输入的数据类型必须相同
i2	输入	\SINT\USINT\BYTE\INT \UINT\WORD\DINT\UDINT \DWORD\LINT\ULINT\LWORD \REAL\LREAL\TIME\STRING	

续表

参数	参数类型	数据类型	说明
o1	输出	\SINT\USINT\BYTE\INT\UINT\WORD\DINT\UDINT\DWORD\LINT\ULINT\LWORD\REAL\LREAL\TIME\STRING	整型或实型数据类型输入的乘积 输入和输出必须使用相同的数据类型
ENO	输出	BOOL	启用"输出" 仅适用于梯形图编程

（4）除（Division）

如图 5-13，该指令执行用第一个整型或实型输入值除以第二个整型或实型输入值。参数见表 5-13。

图 5-13　除（Division）功能块

表 5-13　除（Division）功能块参数表

参数	参数类型	数据类型	说明
EN	输入	BOOL	启用指令 TRUE-执行当前相除计算 FALSE-不执行任何计算 仅适用于梯形图编程
i1	输入	SINT\USINT\BYTE\INT\UINT\WORD\DINT\UDINT\DWORD\LINT\ULINT\LWORD\REAL\LREAL\TIME\STRING	非零整型或实型数据类型的被除数 所有输入的数据类型必须相同
i2	输入	\SINT\USINT\BYTE\INT\UINT\WORD\DINT\UDINT\DWORD\LINT\ULINT\LWORD\REAL\LREAL\TIME\STRING	
o1	输出	\SINT\USINT\BYTE\INT\UINT\WORD\DINT\UDINT\DWORD\LINT\ULINT\LWORD\REAL\LREAL\TIME\STRING	非零整型或实型数据类型的除数 所有输入的数据类型必须相同
ENO	输出	BOOL	启用"输出" 仅适用于梯形图编程

【例】　如图 5-14，这个程序实现对电动机连续运行时间的计时，用于电动机保养。梯级是自复位的计时器，循环计时 1h。计时器每计时 1h，通过 TON_1.Q 位输出控制 input 自加 1。当 input 大于 8h，使灯 L1 亮，提醒电动机已经连续运行 8h，需要停机。最后一个梯级用于复位 input 和灯 Timeful。

具体如下：

梯级1：当电动机接触器KM1得电，其触点闭合，增定时器TON_1开始计时；

梯级2：1h后，TON_1计时时间到，TON_1.Q接通，使input值增1；在下一周期，梯级1中的TON_1.Q断开，使定时器复位，重新开始计时；加指令随时间的增长累加增长；

梯级3：当input大于等于8h，大于等于指令的O1输出，使灯Timeful亮起，提示电机保养；

梯级4：电动机的停止SB2闭合，使input和Timeful复位。

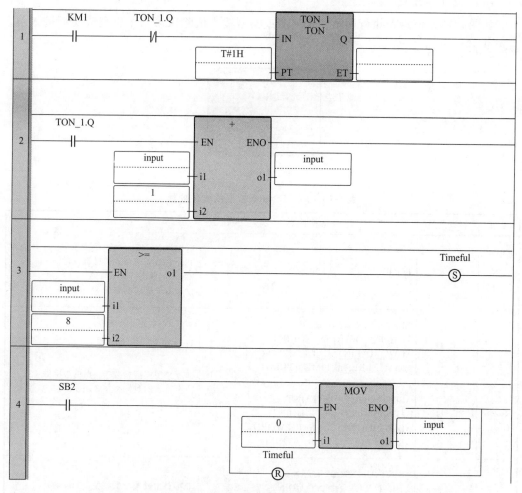

图5-14 电动机运行保养控制梯形图

5.3 数据转换指令简介及应用

5.3.1 数据转换指令简介

数据转换功能块指令主要用于将变量的数据类型转换为不同的数据类型。具体描述见表5-14。

表 5-14　算术类功能块指令用途

指令	描述
ANY_TO_BOOL	将非布尔值转换为布尔值
ANY_TO_BYTE	将值转换为字节
ANY_TO_DATE	将字符串、整型、实型或时间数据类型转换为日期数据类型
ANY_TO_DINT	将值转换为双整型
ANY_TO_DWORD	将值转换为双字值
ANY_TO_INT	将值转换为整型
ANY_TO_LINT	将值转换为长整型
ANY_TO_LREAL	将值转换为长实型
ANY_TO_LWORD	将值转换为长字型
ANY_TO_REAL	将值转换为实型
ANY_TO_SINT	将值转换为短整型
ANY_TO_STRING	将值转换为字符串
ANY_TO_TIME	将值转换为时间数据类型
ANY_TO_UDINT	将值转换为无符号双整型
ANY_TO_UINT	将值转换为无符号整型
ANY_TO_ULINT	将值转换为无符号长整型
ANY_TO_USINT	将值转换为无符号短整型
ANY_TO_WORD	将值转换为字

下面介绍几种常用的数据转换指令。

5.3.2　将任意类型的数值转换为双整型（ANY_TO_DINT）

如图 5-15，该指令执行将值转换为 32 位双整型值。参数见表 5-15。

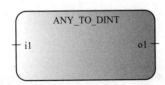

图 5-15　ANY_TO_DINT 功能块

表 5-15　ANY_TO_DINT 功能块参数表

参数	参数类型	数据类型	说明
EN	输入	BOOL	启用指令 TRUE-执行当前相除计算 FALSE-不执行任何计算 仅适用于梯形图编程
i1	输入	BOOL\SINT\USINT\BYTE\INT\UINT\WORD\UDINT\DWORD\LINT\ULINT\LWORD\REAL\LREAL\TIME\DATE\STRING	除双整型之外的任何值

续表

参数	参数类型	数据类型	说明
o1	输出	DINT	32位双整型值
ENO	输出	BOOL	启用"输出" 仅适用于梯形图编程

例：如图5-16所示，改程序实现了输入时间的比较并用指示灯显示比较结果。

程序中，DI_00和DI_01为两个输入信号，将其输入的实时量转换为双整形的变量A、B，如B-A的值C大于10000，则DO_00输出，对应的指示灯亮。

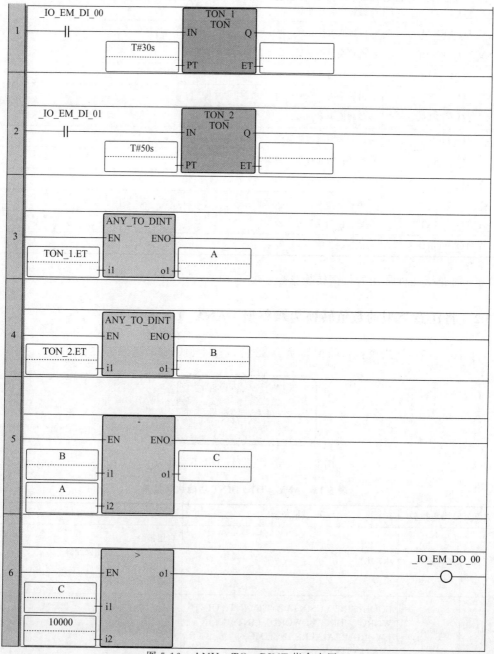

图5-16 ANY_TO_DINT指令应用

5.3.3 将任意类型的数值转换为实数型（ANY_TO_REAL）

如图 5-17 该指令执行将值转换为实型值。参数见表 5-16。

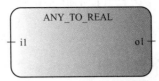

图 5-17 ANY_TO_REAL 功能块

表 5-16 ANY_TO_REAL 功能块参数表

参数	参数类型	数据类型	说明
EN	输入	BOOL	启用指令 TRUE-执行转换为实型计算 FALSE-不执行任何计算 仅适用于梯形图编程
i1	输入	BOOL\SINT\USINT\BYTE\INT\UINT\WORD\UDINT\DWORD\LINT\ULINT\LWORD\DINT\LREAL\TIME\DATE\STRING	除实型之外的任何值
o1	输出	REAL	实型值
ENO	输出	BOOL	启用"输出" 仅适用于梯形图编程

例：如图 5-18 所示，该程序是用 Micro820 控制的温度风冷系统。

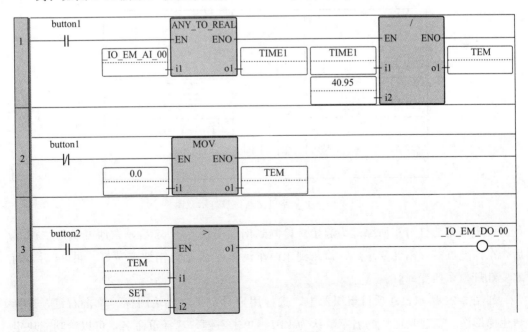

图 5-18 Micro820 控制的温度风冷系统

梯级 1：热电偶将检测信号传送给模拟量输入端口 AI_00，ANY_TO_REAL 功能块将该数值转换成实型 TIME1；再用除法功能块将 TIME1 除以温度转换比 40.95，得到温度数值 TEM。

梯级 2：不需要温度输入时用数值传送指令将温度值 TEM 清零。

梯级 3：用大于比较功能块比较 TEM 值和设定的温度值 SET，如大于则驱动 DO_00，启动风冷系统降温。

5.4 自定义功能块简介及应用

5.4.1 自定义功能块的创建

Micro800 控制器突出的一个特点就是在用梯形图语言编写程序的过程中，对于经常重复使用的功能可以编写成功能块，需要重复使用的时候直接调用该功能块即可，无需重复编写程序。这样就给程序开发人员提供了极大的便利，节省时间的同时也节省精力。功能块的编写步骤与编写主程序的步骤基本一致，下面简单介绍。

在项目组织器中，选择用户自定义功能块图标，单击右键，选择新建梯形图。新建功能块的名字默认为 UntitledLD，单击右键，选择重命名，可以给功能块定义相应的名字。双击打开功能块后可以编写完成该功能块的功能所需要的程序。功能块的下面为变量列表，这里的变量为本地变量，只能在当前功能块中使用。

这样就完成了一个功能块程序的建立，然后在功能块中编写所要实现的功能。完成后功能块可以在主程序中直接使用。下面以交通灯功能块为例具体介绍功能块的编程。

十字路口交通信号灯示意图如图 5-19 所示。时序图如图 5-20 所示。

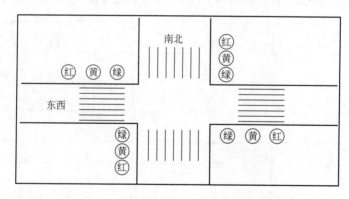

图 5-19　十字路口交通信号灯示意图

设定以南北红灯东西绿灯为起始。检测到南北车辆等待 6s 后，东西变黄灯，再 3s 后，东西变红灯，南北变绿灯；检测到东西车辆等待 6s 后，南北变黄灯，再 3s 后，南北变红灯，东西变绿灯。

如图 5-21 所示，在项目组织器中，选择用户自定义功能块图标。单击右键，选择新建梯形图。新建功能块的名字默认为 FB1，单击右键，选择重命名，可以给功能块定义相应的名字，这里直接命名为 jiaotongdeng，如图 5-22 所示。

双击打开 jiaotongdeng 功能块后可以编写完成功能块的功能所需要的程序。

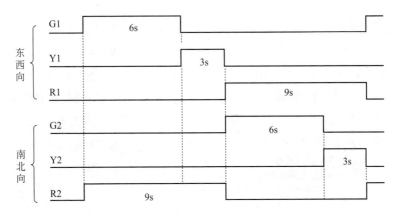

图 5-20 十字路口交通信号灯控制系统时序图

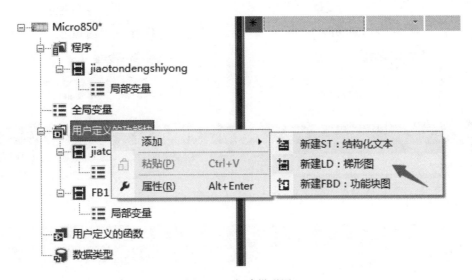

图 5-21 新建梯形图

创建一个新的功能块，首先要确定完成此功能块所需要的输入和输出变量。这些输入输出变量在项目组织器中的本地变量中创建，如图 5-23 中所示。在新建功能块的下面，双击局部变量图标，打开创建变量的界面。

在图 5-24 表格的上部右键单击，显示如图 5-25 所示的选项，这里可以对表格列的显示进行重置，默认显示一些常用选项。

此次要编写的交通信号灯控制功能块，需要四个布尔量输入，分别是四个方向的信号；要六个布尔量输出，分别是在东西向和南北向的红、黄、绿交通信号灯。输入输出的定义是在"方向"一列中定义的，输入用 VarInput 表示，输出用 VarOutput 表示。下面首先来定义此功能块所需要的变量，如表 5-17 中所示。在表格的 Name 一列中输入变量的名字，并设定变量为输入或者输出变量即可；要新建变量，在已经建立的变量处回车即可创建下一个变量。图中是完成此功能块所需要的输入和输出变量，注意一定要在方向一列中定义变量为输入或者输出变量，否则在主程序使用此功能块的时候将无法显示其输入输出变量。在变量列表中除了定义变量的数据类型和变量类型以外，还可以对变量进行别名、加注释、改变维度、设置初始值等操作。

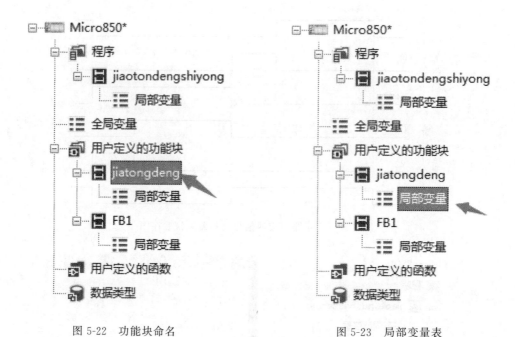

图 5-22 功能块命名　　　　　图 5-23 局部变量表

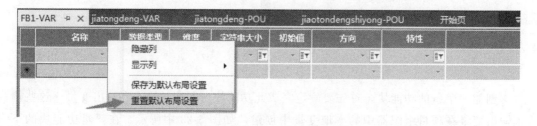

图 5-24 变量表

图 5-25 变量表设置

表 5-17 设置交通信号灯功能块变量表

名称	数据类型	维度	字符串大小	初始值	方向	特性
E_SENSOR	BOOL				VarInput	读取
W_SENSOR	BOOL				VarInput	读取
S_SENSOR	BOOL				VarInput	读取
N_SENSOR	BOOL				VarInput	读取
STOP	BOOL				VarInput	读取
EW_RED	BOOL				VarOutput	写入
EW_GREEN	BOOL				VarOutput	写入
EW_YELLOW	BOOL				VarOutput	写入
SN_RED	BOOL				VarOutput	写入
SN_GREEN	BOOL				VarOutput	写入
SN_YELLOW	BOOL				VarOutput	写入
TON_1	TON				Var	读/写
TON_2	TON				Var	读/写
TON_3	TON				Var	读/写
TON_4	TON				Var	读/写

我们已经定义了输入输出变量,现在就可以编写功能块程序了。双击交通灯功能块(jiaotongdeng)图标,可打开编程界面如图 5-26 所示。

点击设备工具箱窗口下部的工具箱,展开梯形图工具箱,如图 5-27 所示,在窗口视图中选择工具箱。工具箱里有编写梯形图程序所需要的基本指令,用户只需选择要用的指令,直接拖拽到编程界面中的梯级上即可。

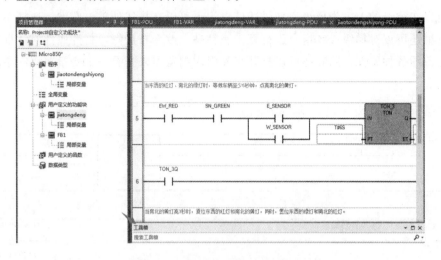

图 5-26　交通灯功能块编程界面

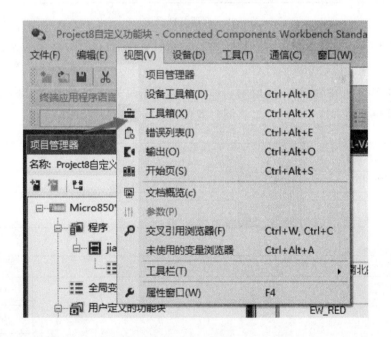

图 5-27　工具箱选择

把指令拖拽到梯级上以后,会自动弹出变量列表,编程人员可以直接给指令选择所用的变量,这里选择接触器位指令,并添加 SN_RED 即南北红灯变量;用同样的方法添加第二个接触器位指令,变量选择 EW_GREEN 即东西绿灯;然后选择一个梯形图分支指令,并在上面分别放接触器位指令,变量为 S_SENSOR 南信号和 N_SENSOR

北信号；然后添加一个功能块，选择计时器指令（TON），并给计时器定时 6s，这样完成第 1 梯级，如图 5-28 所示。

第 2 梯级，用 TON_1.Q 复位 EW_GREEN 并复位线圈 EW_YELLOW。

这样前两个梯级就完成了南北红灯、东西绿灯到南北依然红灯东西变为黄灯的功能实现。

可以在梯级的上方为梯级添加描述信息，也可以在描述处单击右键，选择不显示描述，这里还可以对梯级或者指令进行复制、粘贴、改变布局等，打开属性对话框还可以设置对象的各种属性，同时还可以打开交叉引用浏览器来查看一个变量在程序中多处使用的情况。

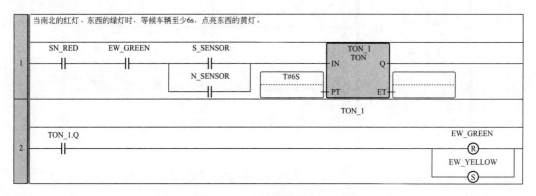

图 5-28 交通灯梯级 1、2

根据分析，应继续实现以下功能：当东西黄灯亮 3s 以后，复位东西黄灯和南北红灯，同时置位南北绿灯和东西红灯。

编程如图 5-29 中梯级 3、4 所示。梯级 3 实现东西黄灯 3s 的计时。梯级 4 实现 3s 计时到后复位东西黄灯和南北红灯，同时置位南北绿灯和东西红灯。

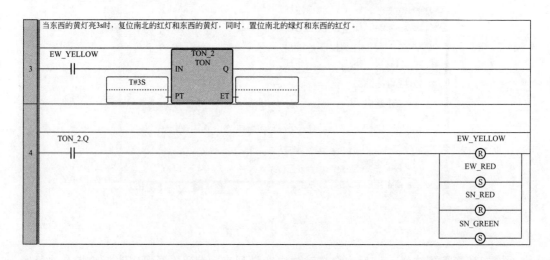

图 5-29 交通灯梯级 3、4

经分析可知，后续梯级与我们已完成的梯级功能相同，只是方向不同，所以只需复制后改变变量即可，程序如图 5-30～图 5-32 所示。

梯级 5、6 的功能是：当东西的红灯、南北的绿灯时，等候车辆 6s，点亮南北的黄灯。

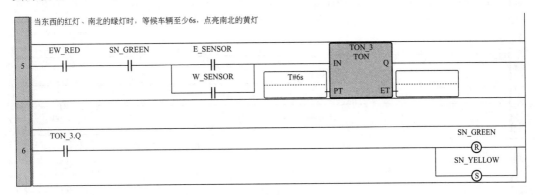

图 5-30　交通灯梯级 5、6

梯级 7、8 的功能是：当南北的黄灯亮 3s 时，复位东西的红灯和南北的黄灯同时，置位东西的绿灯和南北的红灯。

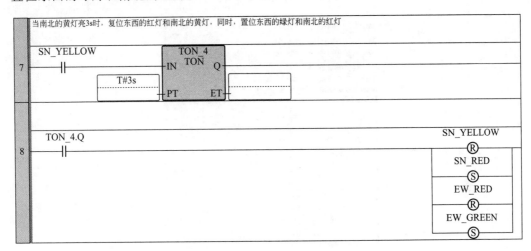

图 5-31　交通灯梯级 7、8

第 9 梯级功能是：初始化。当程序第一次被下载到控制器并运行的时候，所有交通信号灯的状态都应该是灭的。最后这个梯级就是用来确保这一点，并同时点亮南北红灯和东西绿灯。

第 10 梯级的功能是随时停止。

到此就完成了交通灯功能块的编写。在项目组织器中，右键单击功能块图标，选择编译（生成），可以对编好的程序进行编译，如图 5-33。如果程序没有错误，点击保存按钮即可保存。

如果程序中出现错误，在输出窗口中将出现提示信息，提示程序编译出现错误，同时会弹出错误列表，如图 5-34 所示。在错误列表中会指出错误在程序中的位置，双击错误信息行，可以跳转到程序的错误位置，对错误的程序做出修改。然后再次对程序进行编译，程序编译无误后点击保存按钮即可。

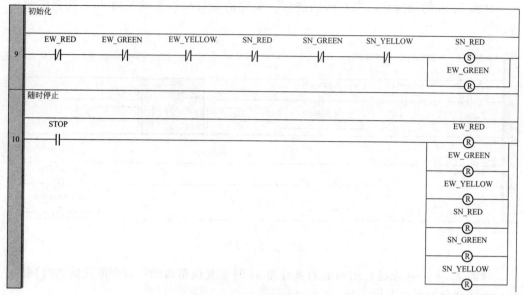

图 5-32 交通灯梯级 9、10

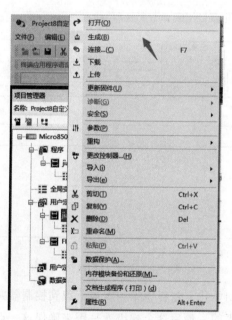

图 5-33 交通灯程序编译

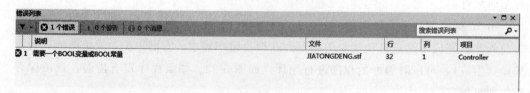

图 5-34 交通灯程序错误列表

5.4.2 自定义功能块的使用

本节介绍如何在主程序中使用建好的交通灯功能块。

① 首先要在项目组织器窗口中创建一个梯形图程序，右键单击程序图标，选择新建梯形图程序。

② 创建新程序以后，对程序重新命名为交通灯（jiaotongdeng），如图 5-35 所示。

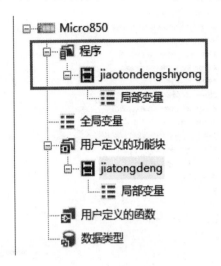

图 5-35　创建交通灯主程序

③ 双击交通灯图标，打开编程界面，在工具箱里选择功能块指令拖拽到程序梯级中，如图 5-36 所示。拖拽功能块指令到梯级以后，会自动弹出功能块选择列表，找到编写好的交通灯控制功能块，如图 5-37 所示，选择即可。

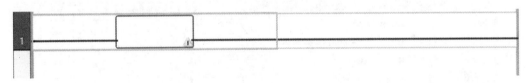

图 5-36　查找交通灯功能块

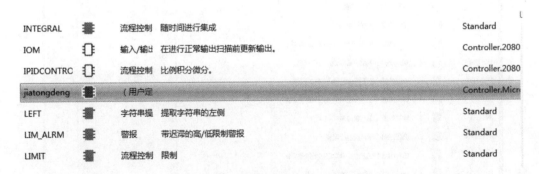

图 5-37　选择交通灯功能块

双击编写的交通灯功能块，出现如图 5-38 所示的界面，选中编写的交通灯功能块，单击右上方的显示参数按钮，可以看到交通灯功能块中所有的输入和输出参数，在该参数列表中可以对这些参数进行必要的设置。

完成参数的设置后，将图 5-39 中左下角的 EN/ENO 复选框选中，EN/ENO 复选框表示使能功能块的输入和输出。如果这里不选择，将无法在主程序中使用功能块。

图 5-38 交通灯功能块参数编写

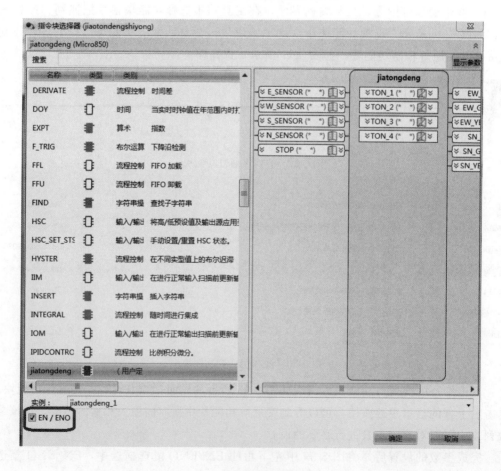

图 5-39 使能交通灯功能块

完成参数设置以后，单击 OK 键，交通灯功能块将出现在程序中。可以看到交通灯功能块有四个输入变量和六个输出变量，单击输入或者输出，可以出现选择变量的下拉菜单，如图 5-40 所示，在此下拉菜单中为功能块的输入输出选择合适的变量。

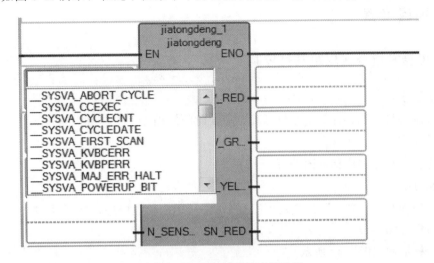

图 5-40　交通灯功能块变量选择

由于变量默认的名字太长，为了方便起见，可以对使用的变量别名，在功能块的第一个输入处双击，可以打开变量列表，在此列表中可以对变量进行别名，如图 5-41 所示。

图 5-41　交通灯功能块变量别名

这样就完成了程序的编写,在项目组织器窗口中右键单击交通灯图标,选择编译(生成),对主程序进行编译,编译完成后点击保存即可。

5.5 项目实践

5.5.1 用算术指令实现跑马灯控制

控制要求:

完成跑马灯控制,即5个小灯循环点亮,时间间隔1s。

设计要求:

选择合适指令完成梯形图编写。

控制分析:

可选用MOV和"="指令进行编写。MOV用来传递顺序,"="用来选择输出。

编写梯形图:

编写梯形图如图5-42所示。

梯级1:给变量STEP赋值1。

梯级2:如STEP等于1,则计时器TON_1开始计时。1s后灯L1亮起,L5复位,同时给STEP赋值2。

梯级3:如STEP等于2,则计时器TON_2开始计时。1s后灯L2亮起,L1复位,同时给STEP赋值3。

以此类推。实现循环亮灭。

5.5.2 用比较和算术指令实现4站小车呼叫控制

控制要求:

某车间有4个工作台,送料车往返于工作台之间送料,每个工作台设有一个到位开关(SQ)和一个呼叫按钮(SB)。

设计要求:

选择合适指令完成梯形图编写。

控制分析:

① 送料车开始应停留在4个工作台中任意一个到位开关的位置上。

② 设送料车现暂停于m号工作台(SQm为ON)处,这时n号工作台呼叫(SQn为ON),若:

a. m>n,送料车左行,直至SQn动作,到位停车。即送料车所停位置SQ的编号大于呼叫按钮SB的编号时,送料车往左行运行至呼叫位置后停止。

b. m<n,送料车右行,直至SQn动作,到位停车。即送料车所停位置SQ的编号小于呼叫按钮SB的编号时,送料车往右运行至呼叫位置后停止。

c. m=n,送料车原位不动。即送料车所停位置SQ的编号与呼叫按钮SB的编号相同时,送料车不动。

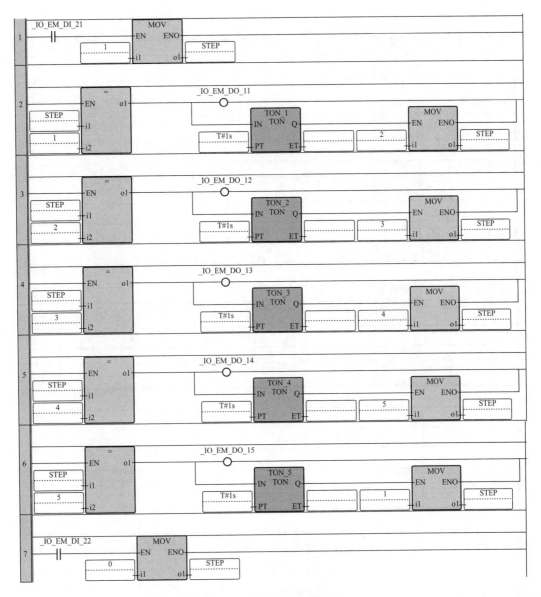

图 5-42 跑马灯控制梯形图

编写梯形图：

编写梯形图如 5-43 所示。其中，DI_20~DI_23 对应 1-4 站的 SB，DI_24~DI_27 对应四个站的 SQ，DO_11、DO_12 分别对应右行和左行。

梯级 1-4：当四个站有呼叫时，给变量 N 赋值；

梯级 5-8：当送料车停在某站，压下其站的行程开关时，给变量 M 赋值；

梯级 9：当 N 不等于 M 且 N 大于 M 时，右行输出；当 N 等于 M 时停止输出；

梯级 10：当 N 不等于 M 且 N 小于 M 时，左行输出；当 N 等于 M 时停止输出；另外，梯级中加入了 N 大于 0 的比较，否则在没有呼叫赋值时，运料车就会因 N 值为 0，而向左运行。

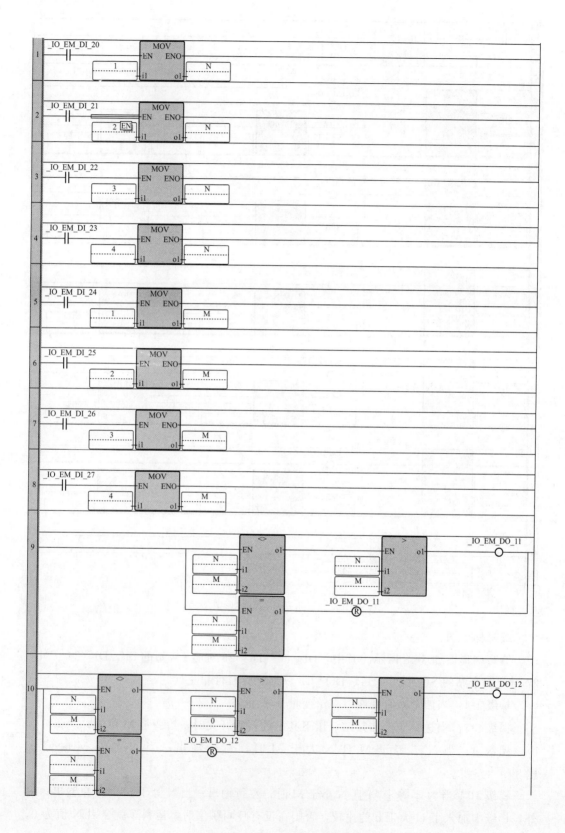

图 5-43 4 站小车呼叫控制梯形图

5.5.3 用数据转换指令实现规定时间段内的不同输出

控制要求：

用指示灯依次显示输入信号的不同时间段。在输入信号的 0~1s 内，1 灯亮；1~2s 内，2 灯亮；2~3s 内，3 灯亮。

设计要求：

选择合适指令完成梯形图编写。

控制分析：

首先，控制要求中有对时间的比较，所以要用 ANY_TO_DINT 将时间量进行转换。其次，涉及数值的比较，所以要用到"大于""小于"等比较指令。

编写梯形图：

编写梯形图如图 5-44 所示。

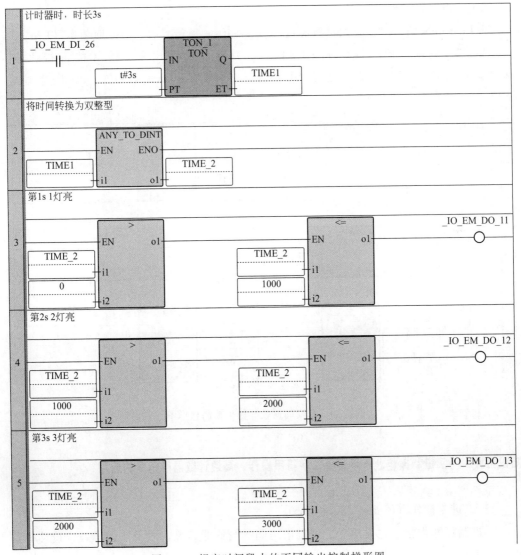

图 5-44 规定时间段内的不同输出控制梯形图

梯级1：启动定时器；
梯级2：将定时器的时值TIME1变为双整型TIME2；
梯级3：TIME2大于0小于等于1000，1灯亮；
梯级4：TIME2大于1000小于等于2000，2灯亮；
梯级5：TIME2大于2000小于等于3000，3灯亮。

5.5.4 用数据转换指令实现对温度的比较和输出

控制要求：

当AI_00的输入温度值大于设定值SET时，DO_00输出报警。

设计要求：

选择合适指令完成梯形图编写。

控制分析：

程序如图5-45所示。

当button有信号时，开始进行温度比较；button无信号时，将0赋值给TEM。

AI_00的输入值先转换成REAL型，并除以参数比40.95才能进行比较；当温度的时值TEM大于设定值SET且SET不等于0时，DO_00产生输出报警。

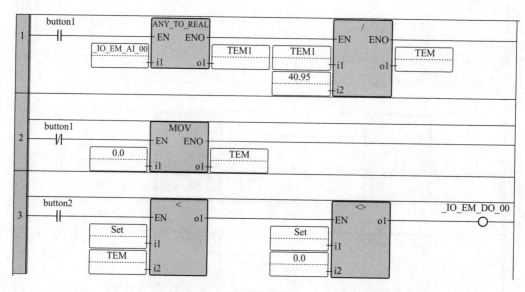

图5-45 温度的比较和输出控制梯形图

知识拓展5　二进制操作、布尔运算、字符串操作、高速计数器等指令的应用

1）二进制操作（Binary operations）

二进制操作类指令主要用于二进制数之间的与或非运算，以及实现屏蔽、位移等功能，该类功能块指令具体描述见表5-18。

表 5-18 二进制操作功能块指令用途描述

功能块	描述
AND_MASK(与屏蔽)	整数位到位的与屏蔽
NOT_MASK(非屏蔽)	整数位到位的取反
OR_MASK(或屏蔽)	整数位到位的或屏蔽
ROL(左循环)	将一个整数值左循环
ROR(右循环)	将一个整数值右循环
SHL(左移)	将整数值左移
SHR(右移)	将整数值右移
XOR_MASK(异或屏蔽)	整数位到位的异或屏蔽
AND(逻辑与)	布尔与
NOT(逻辑非)	布尔非
OR(逻辑或)	布尔或
XOR(逻辑异或)	布尔异或

下面举例介绍该类指令：

(1) 取反（NOT_MASK）

如图 5-46 所示。

图 5-46 取反功能块

整数值位与位的取反，其参数列表见表 5-19。

表 5-19 取反功能块参数列表

参数	参数类型	数据类型	描述
IN	Input	DINT	须为整数形式
NOT_MASK	Output	DINT	32 位形式的 IN 的位与位取反
ENO	Output	BOOL	使能输出

例如：16#1234 取 NOT_MASK 结果为 16#FFFF_EDCB

(2) 左循环（ROL）

如图 5-47 所示。

对于 32 位整数值，把其位向左循环。其参数列表见表 5-20。

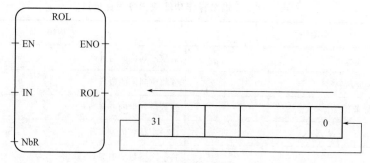

图 5-47 左循环功能块

表 5-20 左循环功能块参数列表

参数	参数类型	数据类型	描述
IN	Input	DINT	整数值
NbR	Input	DINT	要循环的位数,须在(1～31)范围内
ROL	Output	DINT	左移之后的输出,当 NbR＜=0 时,无变化输出
ENO	Output	BOOL	使能输出

（3）左移（SHL）

如图 5-48 所示。

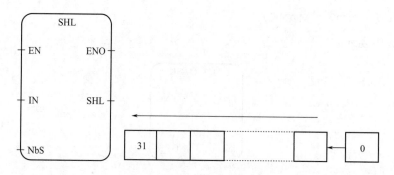

图 5-48 左移功能块

对于 32 位整数值,把其位向左移。最低有效位用 0 替代。其参数列表见表 5-21。

表 5-21 左移功能块参数列表

参数	参数类型	数据类型	描述
IN	Input	DINT	整数值
NbS	Input	DINT	要移动的位数,须在(1～31)范围内
SHL	Output	DINT	左移之后的输出,当 NbR＜=0 时,无变化输出

（4）逻辑与（AND）

如图 5-49 所示。

用在两个或更多表达式之间的布尔"与"运算。注意：可以运算额外输入变量。其参数描述见表 5-22。

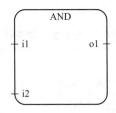

图 5-49 逻辑与功能块

表 5-22 逻辑与功能块参数列表

参数	参数类型	数据类型	描述
i1	Input	BOOL	
i2	Input	BOOL	
o1	Output	BOOL	输入表达式的布尔与运算

2）布尔运算（Boolean）

布尔运算功能块指令用途描述见表 5-23。

表 5-23 布尔运算功能块指令用途描述

功能块	描述
MUX4B	与 MUX4 类似,但是能接受布尔类型的输入且能输出布尔类型的值
MUX8B	与 MUX8 类似,但是能接受布尔类型的输入且能输出布尔类型的值
TTABLE	通过输入组合,输出相应的值

（1）4 选 1（MUX4B）

如图 5-50 所示。

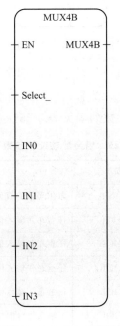

图 5-50 4 选 1 功能块

在四个布尔类型的数中选择一个并输出。其参数列表见表 5-24。

表 5-24　4 选 1 功能块参数列表

参数	参数类型	数据类型	描述
Selector	Input	USINT	整数值选择器,须为(0~3)中的一值
IN0	Input	BOOL	任意布尔型输入
IN1	Input	BOOL	任意布尔型输入
IN2	Input	BOOL	任意布尔型输入
IN3	Input	BOOL	任意布尔型输入
MUX4B	Output	BOOL	可能为:IN0,如果 Selector=0;IN1,如果 Selector=1;IN2,如果 Selector=2;IN3,如果 Selector=3 如果 Selector 为其他值时,输出为"假"

(2) 组合数（TTABLE）

如图 5-51 所示。

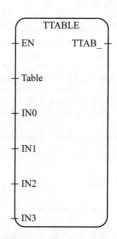

图 5-51　组合数功能块

通过输入的组合，给出输出值。该功能块有四个输入，16 种组合。可以在真值表中找到这些组合，对于每一种组合，都有相应的输出值匹配。输出数的组合形式取决于输入和该功能块函数的联系。其参数列表见表 5-25。

表 5-25　组合数功能块参数列表

参数	参数类型	数据类型	描述
Table	Input	UINT	布尔函数的真值表
IN0	Input	BOOL	任意布尔输入值
IN1	Input	BOOL	任意布尔输入值
IN2	Input	BOOL	任意布尔输入值
IN3	Input	BOOL	任意布尔输入值
TTABLE	Output	BOOL	由输入组合而成的输出值

3) 字符串操作（String manipulation）

字符串操作类功能块指令主要用于字符串的转换和编辑，其具体描述见表5-26。

表 5-26　字符串操作功能块指令用途描述

功能块	描述
ASCII(ASCII 码转换)	把字符转换成 ASCII 码
CHAR(字符转换)	把 ASCII 码转换成字符
DELETE(删除)	删除子字符串
FIND(搜索)	搜索子字符串
INSERT(嵌入)	嵌入子字符串
LEFT(左提取)	提取一个字符串的左边部分
MID(中间提取)	提取一个字符串的中间部分
MLEN(字符串长度)	获取字符串长度
REPLACE(替代)	替换子字符串
RIGHT(右提取)	提取一个字符串的右边部分

下面将举例介绍该类功能块指令。

(1) ASCII 码转换（ASCII）

如图 5-52 所示。

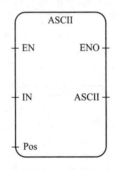

图 5-52　ASCII 码转换功能块

将字符串里的字符变成 ASCII 码。其参数列表见表 5-27。

表 5-27　ASCII 码转换功能块参数列表

参数	参数类型	数据类型	描述
IN	Input	STRING	任意非空字符串
Pos	Input	DINT	设置要选择的字符位置(1~len)(len 是在 IN 中设置的字符串长度)
ASCII	Output	DINT	被选字符的代码(0~255),若是 0 则 Pos 超出了字符串范围
ENO	Output	BOOL	使能输出

(2) 删除（DELETE）

如图 5-53 所示。

删除字符串中的一部分。其参数列表见表 5-28。

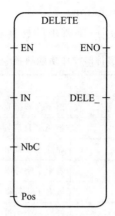

图 5-53 删除功能块

表 5-28 删除功能块参数列表

参数	参数类型	数据类型	描述
IN	Input	STRING	任意非空字符串
NbC	Input	DINT	要删除的字符个数
Pos	Input	DINT	第一个要删除的字符位置(字符串的第一个字符地址是1)
DELETE	Output	STRING	如下情况之一：1. 已修改的字符串 2. 空字符串(如果 Pos＜1) 3. 初始化字符串(如果 Pos＞IN 中输入的字符串长度) 4. 初始化字符串(如果 NbC＜=0)

(3) 搜索 (FIND)

如图 5-54 所示。

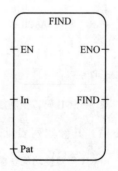

图 5-54 搜索功能块

定位和提供子字符串在字符串中的位置。该功能块的参数列表见表 5-29。

表 5-29 搜索功能块参数列表

参数	参数类型	数据类型	描述
In	Input	STRING	任意非空字符串
Pat	Input	STRING	任意非空字符串(样品 Pattern)
FIND	Output	DINT	可能是如下情况：0：没有发现样品子字符串；子字符串 Pat 第一次出现的第一个字符的位置(第一个位置为1)
ENO	Output	BOOL	使能输出

（4）左提取（LEFT）

如图 5-55 所示。

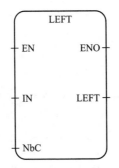

图 5-55　左提取功能块

该功能块用于提取字符串中用户定义的左边的字符个数。其参数列表见表 5-30。

表 5-30　左提取功能块参数列表

参数	参数类型	数据类型	描述
IN	Input	STRING	任意非空字符串
NbC	Input	DINT	要提取的字符个数，该数不能大于 IN 中输入的字符长度
LEFT	Output	STRING	IN 中输入的字符的左边部分（长度为 NbC 定义的长度）可能为如下情况：空字符串如果：NbC＜＝0；完整的 IN 字符串：如果：NbC＞＝IN 中字符串的长度
ENO	Output	BOOL	使能输出

4）高速计数器和可编程限位开关

所有的 Micro830 和 Micro850 控制器（交流输入除外）都支持高速计数器（HSC High-Speed Counter）功能，最多的能支持 6 个 HSC。高速计数器功能块包含两部分：一部分是位于控制器上的本地 I/O 端子，另一部分是 HSC 功能块指令。HSC 的参数设置以及数据更新都需要在 HSC 功能块中设置。

可编程限位开关（PLS Programmable Limit Switch）功能允许用户组态 HSC 为 PLS 或者是凸轮开关。

图 5-56 是 HSC 组态为 PLS 的示意图，通过对 HSC 数据结构的设置，可以将 HSC 组态为 PLS 使用。通过图 5-65 可以看到，原 HscAppData.OFSetting 标签用作了 PLS 的 Overflow（上溢）值的设定值，且最大不超过 2,147,483,647；HscAppData.UFSetting 标签用作了 PLS 的 Underflow（下溢）值的设定值，且最小不能低于 -2,147,483,648；HscAppData.HPSetting 用作了 High Preset（高位置位）设定值；HscAppData.LPSetting 用作了 Low Preset（低位置位）设定值。这就相当于一个限位开关，具有 4 个档位，当 HSC 计数时会与这四个设定值进行比较，如果高于 High Preset，则 HSC 的 HscStsInfo.HpReached 会被置位；如果高于 Overflow，则 HscStsInfo.HpReached 和 HscStsInfo.OVF 都会被置位；如果低于 Low Preset，则 HscStsInfo.LPReached 会被置位；如果低于 Underflow，则 HscStsInfo.LPReached 和 HscStsInfo.UNF 都会被置位。

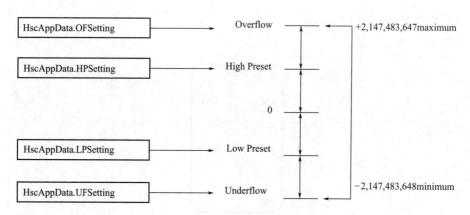

图 5-56 HSC 组态为 PLS 的示意图

下面介绍 HSC 的硬件信息。

所有的 Micro830 和 Micro850 控制器，除了 2080-LCxx-xxAWB，都有 100kHz 的高速计数器。每个主高速计数器有 4 个专用的输入，每个副高速计数器有两个专用的输入。不同点数控制器 HSC 个数见表 5-31。

表 5-31 不同点数控制器 HSC 个数

	10/16 点	24 点	48 点
HSC 个数	2	4	6
主 HSC	1(counter0)	2(counter0,2)	3(counter0,2and4)
副 HSC	1(counter1)	2(counter1,3)	3(counter1,3and5)

每个 HSC 使用的本地输入号如表 5-32 所示。

表 5-32 每个 HSC 使用的本地输入号

HSC	使用的输入点	HSC	使用的输入点
HSC0	0~3	HSC3	6~7
HSC1	2~3	HSC4	8~11
HSC2	4~7	HSC5	10~11

由表 5-32 可见，HSC0 的副计数器是 HSC1，其他 HSC 类似。所以每组 HSC 都有共用的输入通道，表 5-33 列出 HSC 的输入使用本地 I/O 情况。

表 5-33 HSC 的输入使用本地 I/O 情况

HSC	本地 I/O											
	0	01	02	03	04	05	06	07	08	09	10	11
HSC0	A/C	B/D	Reset	Hold								
HSC1			A/C	B/D								
HSC2					A/C	B/D	Reset	Hold				
HSC3							A/C	B/D				
HSC4									A/C	B/D	Reset	Hold
HSC5											A/C	B/D

表 5-34 列出 Micro830/Micro850 控制器 HSC 的计数模式。

表 5-34 Micro830/Micro850 控制器 HSC 的计数模式

计数模式	Input0 (HSC0) Input2 (HSC1) Input4 (HSC2) Input6 (HSC3)	Input1 (HSC0) Input3 (HSC1) Input5 (HSC2) Input7 (HSC3)	Input2 (HSC0) Input6 (HSC2)	Input3 (HSC0) Input7 (HSC2)	用户程序中，模式的值
以内部方向计数(mode 1a)	增计数	未使用			0
以内部方向计数，外部提供 Reset 和 Hold 信号(mode 1b)	增计数	未使用	Reset	Hold	1
以外部方向计数(mode 2a)	增/减计数	方向	未使用		2
外部提供方向，Reset 和 Hold 信号(mode 2b)	计数	方向	Reset	Hold	3
两输入计数器(mode 3a)	增计数	减计数	未使用		4
两输入计数器，外部提供 Reset 和 Hold 信号(mode 3b)	增计数	减计数	Reset	Hold	5
差分计数器(mode 4a)	A 型输入	B 型输入	未使用		6
差分计数器，外部提供 Reset 和 Hold 信号(mode 4b)	A 型输入	B 型输入	Z 型 Reset	Hold	7
差分 X4 计数器(mode 5a)	A 型输入	B 型输入	未使用		8
差分 X4 计数器，外部提供 Reset 和 Hold 信号(mode 5a)	A 型输入	B 型输入	Z 型 Reset	Hold	9

主 HSC 可以使用 4 个输入端口，但是副 HSC 只能使用后两个输入端口，具体接线方式取决于计数模式。

项目6
Micro800数据交互

6.1 Micro800 数据交互简介

Micro800 是支持网络通讯的，任何设备只要在同一网段内都可以相互读取数据。

首先要有两台 Micro 系列 PLC，确定其中各 PLC 是读取还是写入数据。确定完毕后，我们先要在被写入或者被读取的 PLC 中的全局变量处建立一个全局变量。这里需要说明的是只有全局变量才可以支持 PLC 之间的数据传输，不光在 Mirco 系列 PLC 间如此，在 Micro 与 ControlLogix 或 CompactLogix 之间也是如此。这里将写入一个 UDINT 变量 ABC，如图 6-1 所示。如果对 Micro 系列 PLC 梯形图基本编程有问题，可以参照本书之前介绍的章节学习。

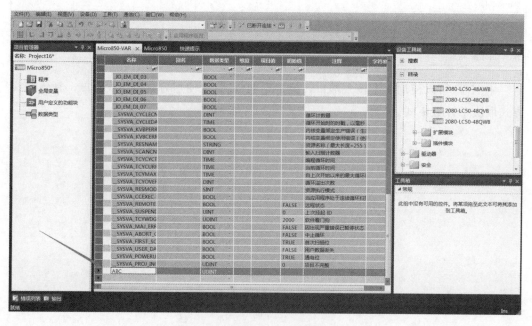

图 6-1 建立一个全局变量

完成上一步后，在被写入的 PLC 中的编程就结束了。现在开始编写写入对方 PLC 的程序。同样，先建立一个梯形图，找到 COP 模块，这里的 COP 模块负责将一个 32 位的数据转化为 8 位，如图 6-2 所示。

COP 功能模块需要建立两个变量。第一行的 Src 为要进行写入对方 PLC 的变量，其类型为 UDINT，这里还要再建立一个写入 COP 模块 Dest 处的变量 A，将其维度处

写入 [1..4]。其余变量 SRCOffSet 处填写 0，DestOffset 处填写 0，Length 处填写 4，最后在 Swap 处填写 true 即可，如图 6-3 所示。

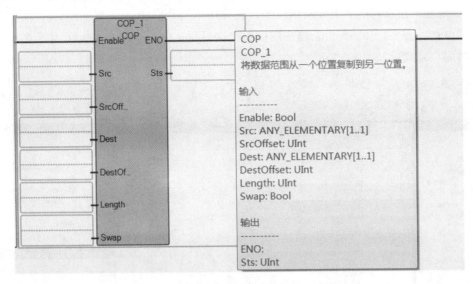

图 6-2 COP 模块

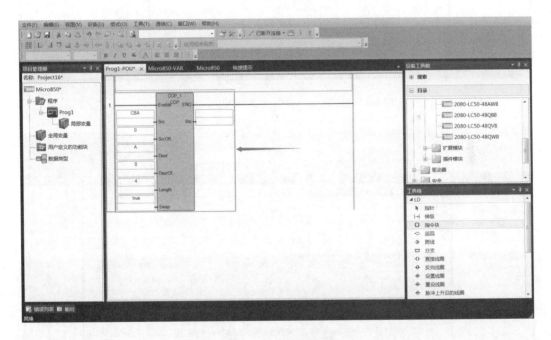

图 6-3 COP 的其余数据

这时再在另一个梯级处创建一个 MSG_CIPSYMBOLIC 模块，并创建 CtrlCfg、SymbolicCfg 及 TarGetCfg，在 Data 处填写刚刚创建的那个 4 维数组 A。完成后如图 6-4 所示。

MSG_CIPSYMBOLIC 模块通讯中有几个重要参数必须设置，其中 TriggerType 代表触发循环值，数值越小循环一次越快；Service 表示该模块是负责读取或是负责写入，分别由 0、1 代表；Symbol 为对方 PLC 变量名称，要用单引号；DataType 表示传输或读取的数据类型，如类型为 UDINT 则编号为 200；Path 为目标 PLC 的路径如'4，192.168.1.101'，这里的 4 为 Micro850 的本地嵌入式以太网口，后面的地址为目标 PLC 地址，注意网端和地址间用逗号，整体用单引号框住；CIPConnMode 为 CIP 连接模式位；UcmmTimeout 为未建立连接的响应时间；ConnMsgTimeout 为建立连接的响应时间。完成后如图 6-5 所示。

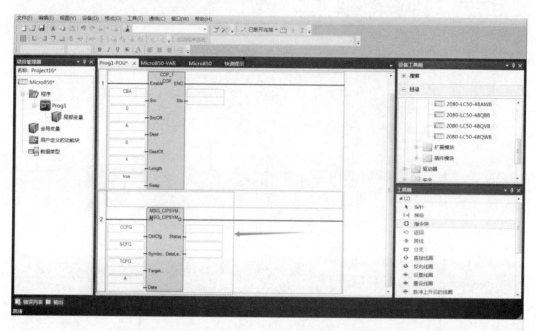

图 6-4　创建一个 MSG_CIPSYMBOLIC 模块

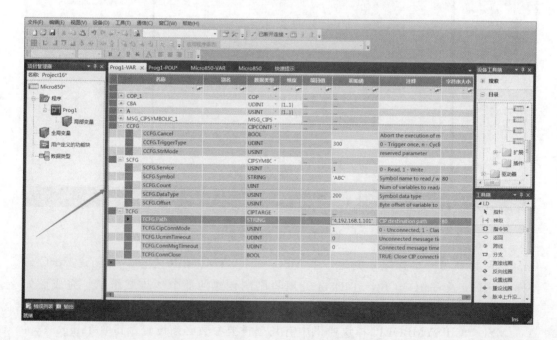

图 6-5　MSG_CIPSYMBOLIC 模块的参数

将两个 PLC 程序下载进各自 PLC 中运行，此时更改负责写入的 PLC 变量，则被写入的 PLC 变量处将跟随写入 PLC 变量改变。负责写入的 PLC 程序如图 6-6 所示。

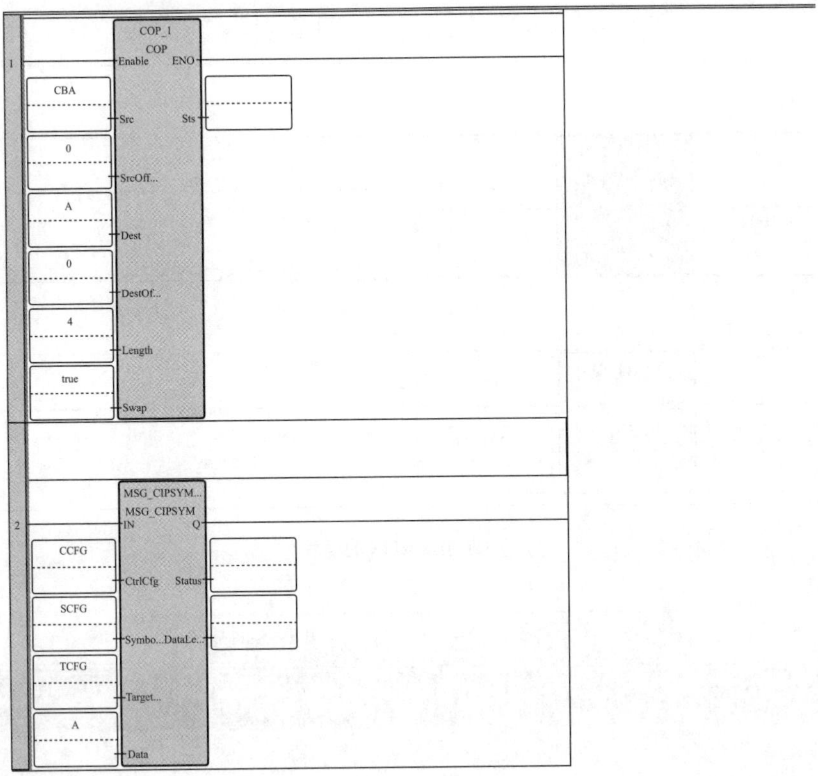

图 6-6 完整程序

6.2 项目实践

6.2.1 两台 Micro850 数据交互实例

6.1 中介绍了 Micro800 间的相互通讯原理，本节以两台 Micro850 间数据交换举例。控制中要实现的是将一个 PLC 中计时器输出的时间转化为实型量在另一台 PLC 中读取出来。

首先，先在其中一台被读取的 PLC 中建立一个 ton 模块（将时间设为 100s）和一个 anytoreal 模块。将 ton 的 et 量转移到 real 型量 ABCD 中，如图 6-7(a) 所示。要注意，ABCD 变量要建立在全局变量（系统变量）处，如图 6-7(b) 所示。

最后编写 COP 模块，此时的 COP 模块作用是把 REAL 型数据 ABCD 封装在数据类型为 USINT，维度是 [1..4] 的变量 A 中，如图 6-8 所示。

再来编写读取的 PLC 程序。这里需要 MSG_CIPSYMBOLIC 模块。

MSG_CIPSYMBOLIC 模块也要变为读取变量的模式。TriggerType 填写 300；Service 处填写 0 设置为读取模式；Symbol 填写 "ABCD"；DataType 填写 202 为读取 REAL 变量型模式；Path 目标 PLC 的路径为 "4,192.168.1.101"；CIPConnMode 处填写 1；UcmmTimeout 处填写 0；ConnMsgTimeout 处填写 0；Data 处的变量设为

A1,其内容即为读取过来的 ABCD。注意,这里的变量均要设置为全局变量。完成后如图 6-9 与图 6-10 所示。

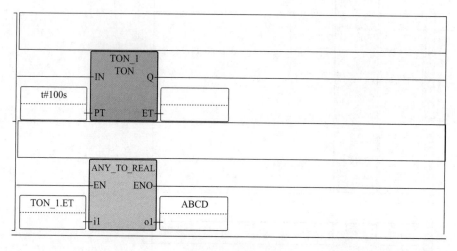

(a) 被读取PLC的程序

(b) ABCD类型设置

图 6-7 程序中的变量设置

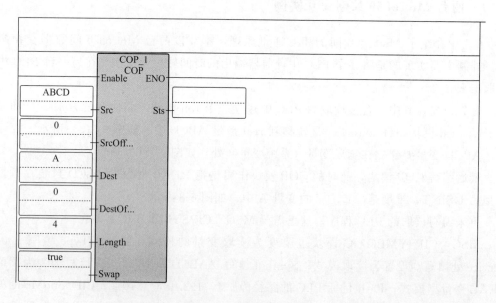

图 6-8 COP 模块的设置

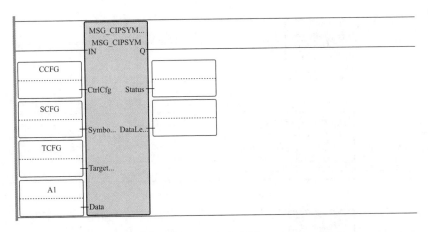

图 6-9 MSG 模块

⊟ CCFG		CIPCONTF	...	...		
	CCFG.Cancel	BOOL			Abort the execution of m	
	CCFG.TriggerType	UDINT		300	0 - Trigger once, n - Cycli	
	CCFG.StrMode	USINT			reserved parameter	
⊟ SCFG		CIPSYMBC	...	...		
	SCFG.Service	USINT		0	0 - Read, 1 - Write	
	SCFG.Symbol	STRING		'ABCD'	Symbol name to read/w	80
	SCFG.Count	UINT			Num of variables to read	
	SCFG.DataType	USINT		202	Symbol data type	
	SCFG.Offset	USINT			Byte offset of variable to	
⊟ TCFG		CIPTARGE	...	...		
	TCFG.Path	STRING		'4,192.168.1.101'	CIP destination path	80
	TCFG.CipConnMode	USINT		1	0 - Unconnected, 1 - Clas	
	TCFG.UcmmTimeout	UDINT		0	Unconnected message ti	
	TCFG.ConnMsgTimeout	UDINT		0	Connected message time	
	TCFG.ConnClose	BOOL			TRUE: Close CIP connecti	

图 6-10 MSG 模块变量

编辑完成后下载程序运行,便可读取对方 PLC 中 ton 模块的 ET 数据,读取 PLC 梯形图如图 6-11 所示,被读取 PLC 梯形图如图 6-12 所示。

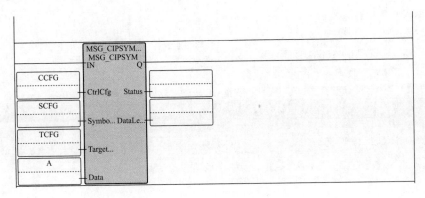

图 6-11 读取 PLC 梯形图

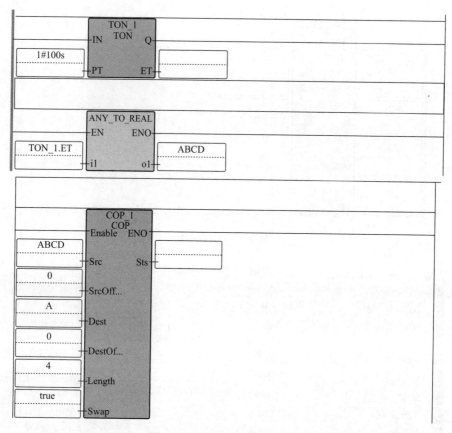

图 6-12 被读取 PLC 梯形图

6.2.2 Micro850 与 Micro820 的数据交互

本节列举 Micro850 与 Micro820 数据交互实例。控制中要实现的是在 Micro850 中输入信号，Micro820 对应产生输出。

首先，建立 Micro850 项目，在梯形图中添加并编写 COP 模块，此时的 COP 模块作用是把变量 A 的状态传送给 C。COP 模块第一行的 Src 写入 A，如图 6-13；Dest 处填写 C，其变量类型为 USINT 型，这里其维度处写入 [1..4]，如图 6-14；SrcOffset

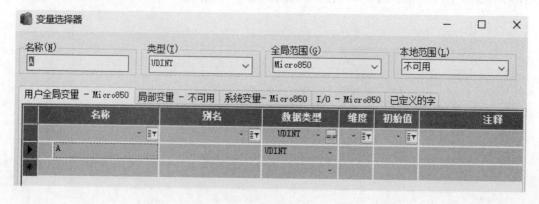

图 6-13 变量 A 设置

处填写 0,；Length 处填写 4，如图 6-15 所示；最后在 Swap 处填写 true，如图 6-16 所示。COP 模块设置完成后如图 6-17 所示。

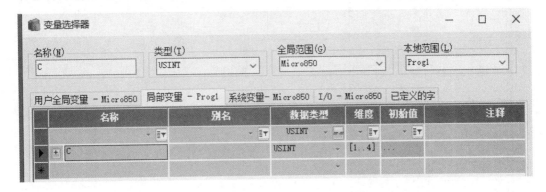

图 6-14 变量 C 设置

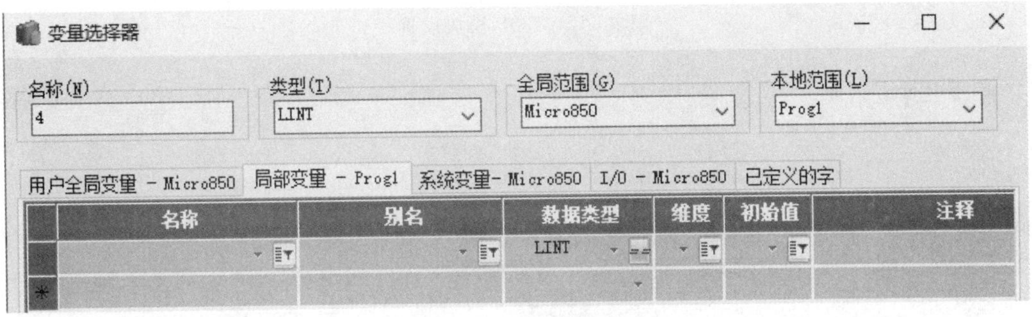

图 6-15 Length 设置

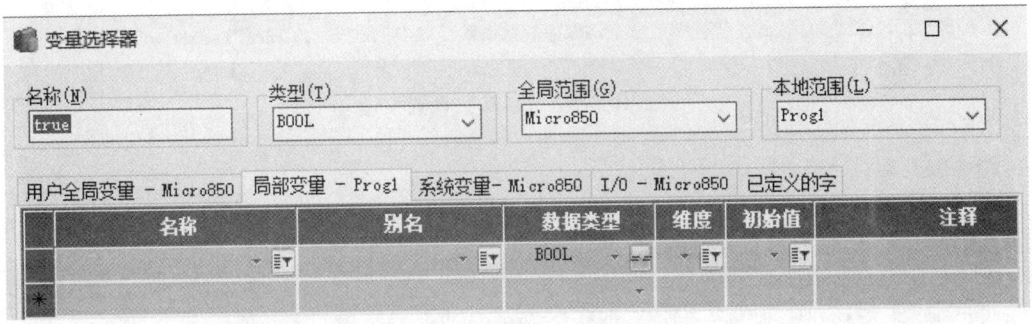

图 6-16 Swap 设置

MSG_CIPSYMBOLIC 模块要变为写入变量的模式。先建立 CC、SC、TC 三个变量对应模块的前三个参数。在 CC 中，TriggerType 填写 300，CC 参数设置如图 6-18；在 SC 中，Service 处填写 1，设置为写入模式；Symbol 填写 'A1'，即将 850 中的变量 A 与 820 中的变量 A1 对应；DataType 填写 200，为写入 USINT 变量型模式，SC 参数设置如图 6-19；在 TC 中，Path 处目标 PLC 的路径为 '4,192.168.1.20'；CIPConnMode 处填写 1；UcmmTimeout 处填写 0；ConnMsgTimeout 处填写 0，TC 参数设置如图 6-20。MSG_CIPSYMBOLIC 模块建好后如图 6-21 所示。

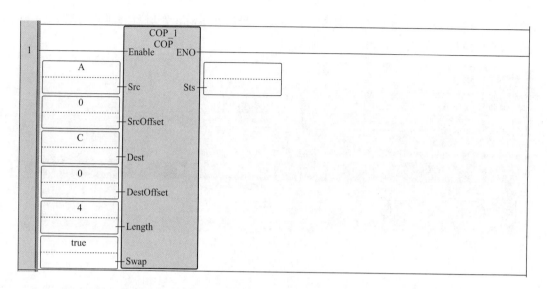

图 6-17 COP 模块设置

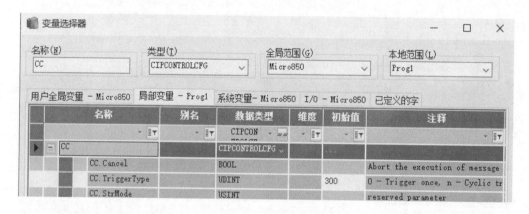

图 6-18 CC 参数设置

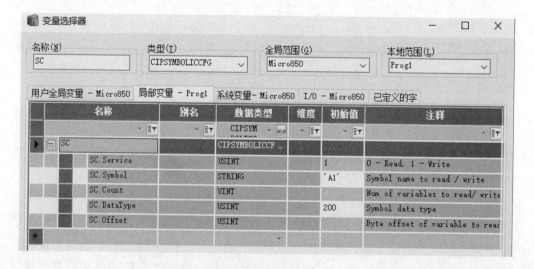

图 6-19 SC 参数设置

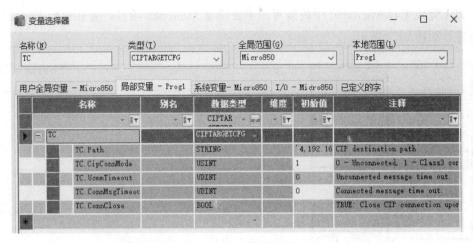

图 6-20　TC 参数设置

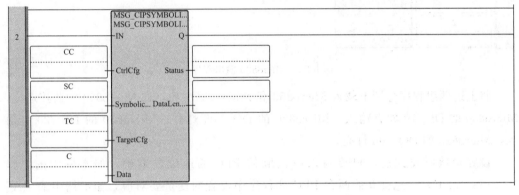

图 6-21　MSG_CIPSYMBOLIC 模块

上述两个模块设置好后，在梯形图中接着建立输入程序，如图 6-22。

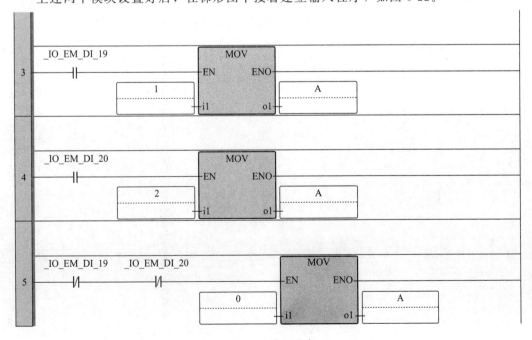

图 6-22　输入程序

以上完成了在 Micro850 中的编写。下面建立 Micro820 项目，并在梯形图中编写输出程序，如图 6-23 所示。

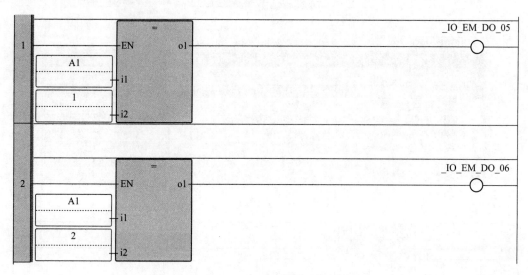

图 6-23　Micro820 输出程序

将上述两组程序分别下载入 Micro850 和 Micro820 中后，在 Micro850 中监控运行。Micro850 的 DI_19 如有输入，Micro820 的 DO_05 灯亮；Micro850 的 DI_20 有输入，Micro820 的 DO_06 灯亮。

设置参数时要注意，想要写入或读取的 PLC 的地址要准确，如本例中的'4, 192.168.1.20'；信息交互的两台 PLC 的程序中设置的变量要对应，如本例中的"A"和"A1"。

项目7

综合实践

本项目中列举了三个较复杂的应用实例,基本涵盖了本书前几章所讲解的内容。由于编程的思维和方法因人而异,本章所列举的程序可作为读者编程时的参考和编程思路的扩展。

7.1 用 Micro850 实现主路、辅路十字路口交通灯控制

本例是在十字路口交通灯控制的基础上,增加了对早、晚高峰时间段的特殊控制(早、晚高峰改变控制时间)。具体的控制要求为:

东西向为主路,南北向为辅路。在早、晚高峰时进行特殊控制,即将主路的绿灯时间延长。

各方向灯亮的总时长为 49s。东西主路在早、晚高峰时亮起的顺序为:绿灯常亮 27s 后,闪亮 3s;接着黄灯闪亮 4s 后,红灯常亮 12s;最后红灯闪亮 3s,进入下一循环。南北向与其相反。

东西主路在平时亮起的顺序为:绿灯常亮 20s 后,闪亮 3s;接着黄灯闪亮 4s 后,红灯常亮 19s;最后红灯闪亮 3s,进入下一循环。南北向与其相反。

除用到了加、减、赋值、计时、比较等指令外,还用到了自定义功能块。

图 7-1 为主程序,7-2 为自定义功能块 TIME_turn 的程序。DI_26 给早、晚高峰的时间赋值;DI_27 给其他时间赋值。这两个赋值量也可用时钟来控制,可随着学习的深入自行添加。

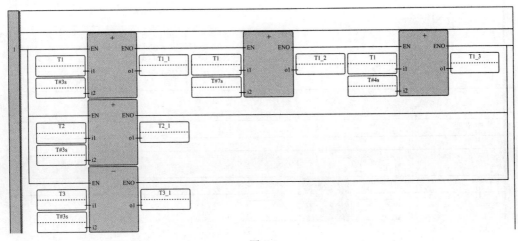

图 7-1

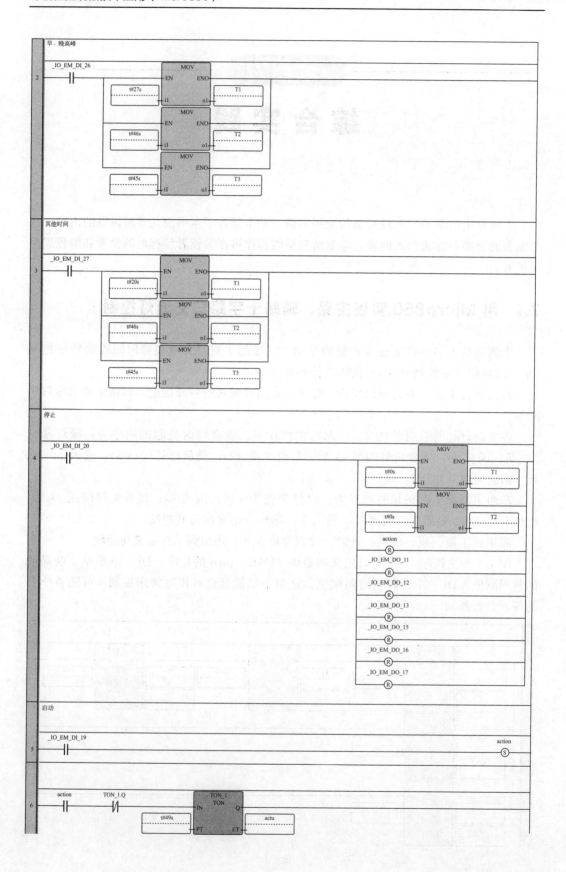

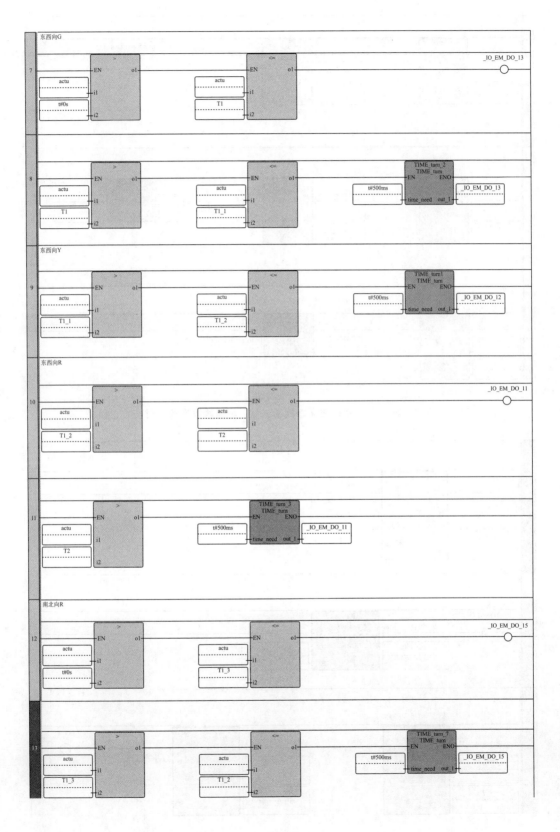

图 7-1

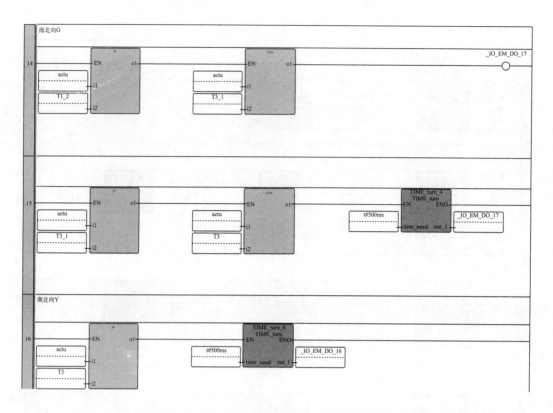

图 7-1　主路、辅路十字路口交通灯控制（早、晚高峰改变控制时间）主程序

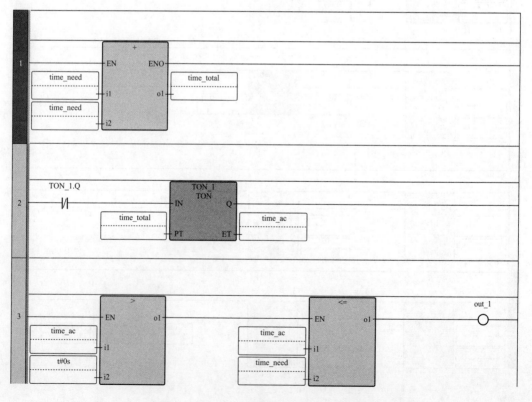

图 7-2　自定义功能块 TIME_turn 程序

7.2 用 Micro850 实现五层升降机控制

本例是用 Micro850 实现五层升降机控制，具体控制要求如下。

升降机升降楼层为 1~5，当任一楼层叫梯时，轿厢运行至该楼层停止。为避免程序过于复杂影响理解，这里只做了电梯运行的主体程序，即只允许单一楼层呼叫后轿厢运行，期间不接受其他楼层的呼叫；不包含电梯门开关的控制；不包含轿厢上行减速、下行减速及其他变速控制等。

在理解了主体程序后，可自行添加其他控制。如电梯开关门的控制可参考 4.5.5 中的自动门控制；多层同时呼叫可添加多个比较指令；速度控制则需具备变频器的相关知识后才能添加。

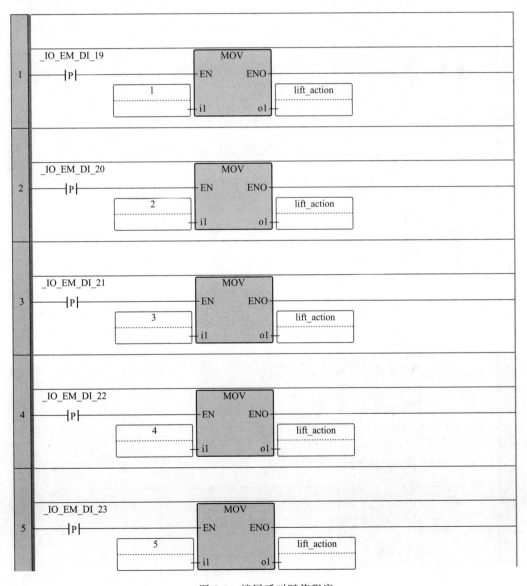

图 7-3 楼层呼叫赋值程序

本例中图 7-3 中的程序为将不同楼层的呼叫赋值给变量 life _ action；图 7-4 中的程序为轿厢运行到不同楼层的指示。

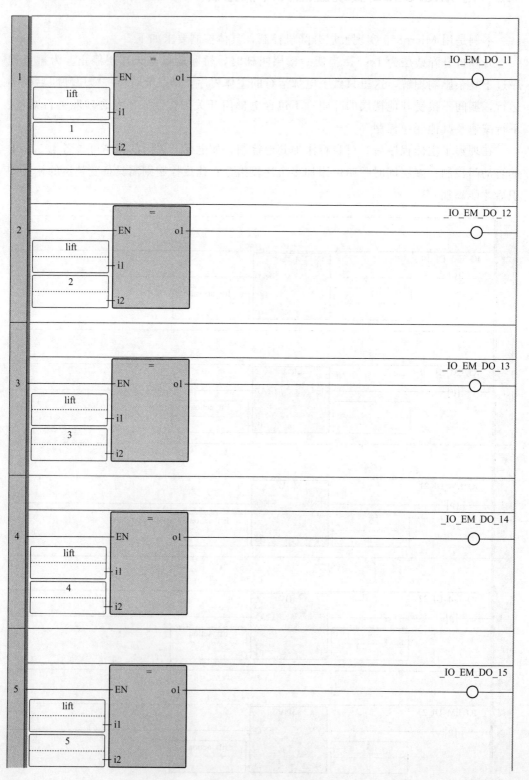

图 7-4　轿厢运行到的楼层指示程序

图 7-5 中的程序为轿厢运行的主程序。其中为了简化程序，没有设置检测各楼层位置的传感器，step 的初始值赋为变量的默认值 0，lift 的初始值在变量表中设为 1；step 为 1 时，进入到数值比较和累加程序；TON_1 为两个楼层间轿厢的运行时间；梯级 3 为呼叫楼层 lift_action 与轿厢已到达楼层值作比较，累计后判断是否在该方向继续运行；DO_16 为轿厢上行指示，DO_17 为轿厢下行指示。

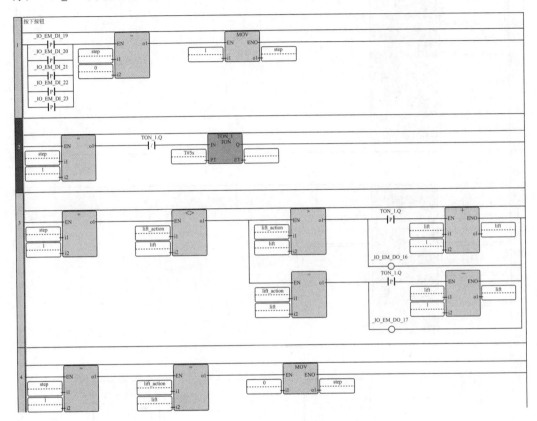

图 7-5 轿厢运行主程序

7.3 用 Micro850 和 Micro820 联机实现停车场车辆进出控制

本例是用 Micro850 和 Micro820 联机实现对停车场车辆进出的简单控制及车库占用数量显示。Micro850 作为上位机，向 Micro820 中写入数据。

程序中设车库 15 个，用 Micro850 的 DO_11～DO_18 和 Micro820 的 DO_00～DO_06 共 15 个灯来显示已有多少个车库被占用。比如已有三个车库被占用，则 Micro850 的 DO_11～DO_13 亮；已有十个车位被占用，则 Micro850 的 DO_11～DO_18 和 Micro820 的 DO_00～DO_01 共十个灯亮；当 15 个车库全被占用即所有灯都亮起时，不再允许车辆进入。

图 7-6 为主程序：DI_19 为进车检测，DI_20 为出车检测，ac 为已被占用的车库数；

图 7-7 为 Mcrio850 指示灯程序，通过比较 ac 的时时值，使 DO_11～DO_18 中对应的灯亮起并保持；

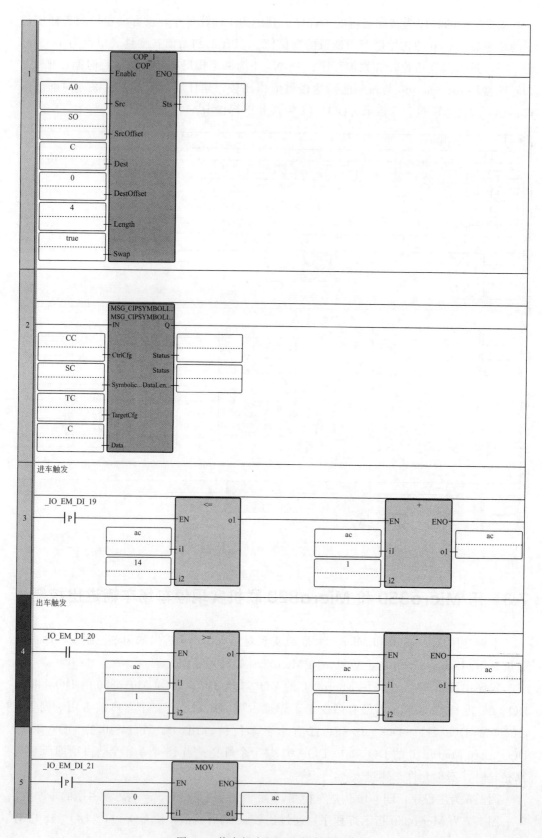

图 7-6 停车场车辆进出控制主程序

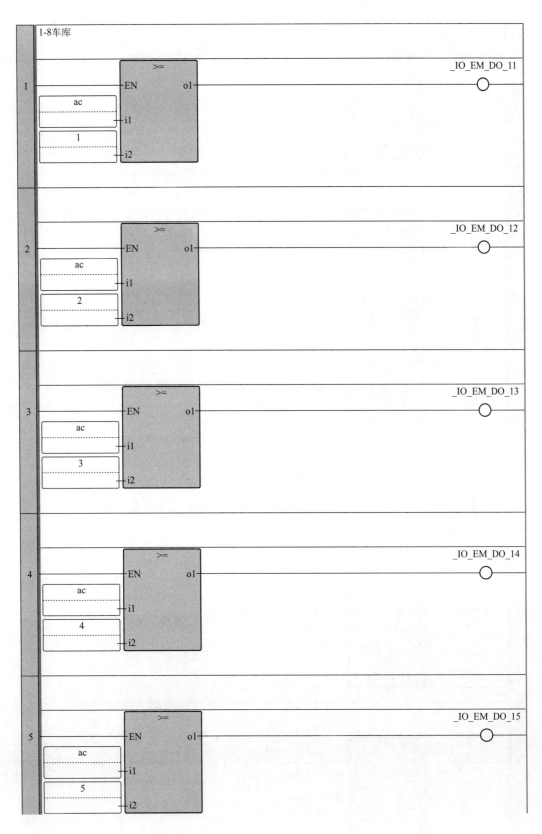

图 7-7

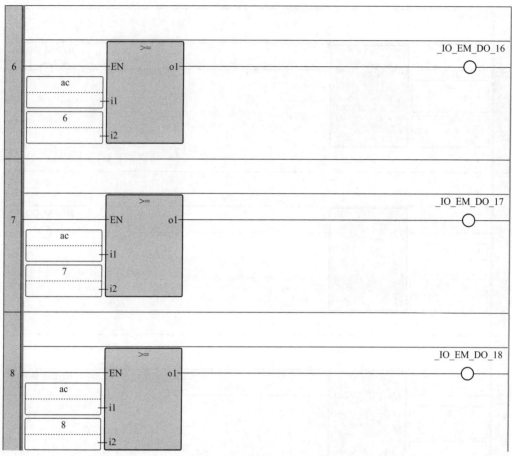

图 7-7 Mcrio850 指示灯程序

图 7-8 为 Mcrio850 中与 Mcrio820 对应的指示灯程序，其中变量 A0.0～A0.6 对应 Mcrio820 中的变量 A2.0～A2.6；

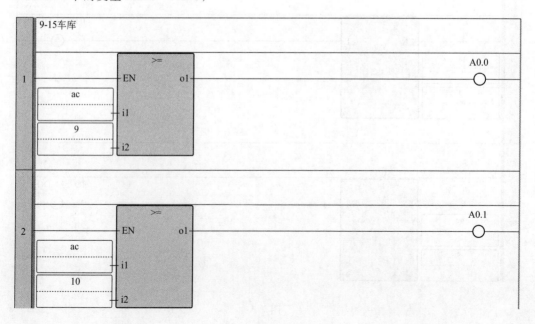

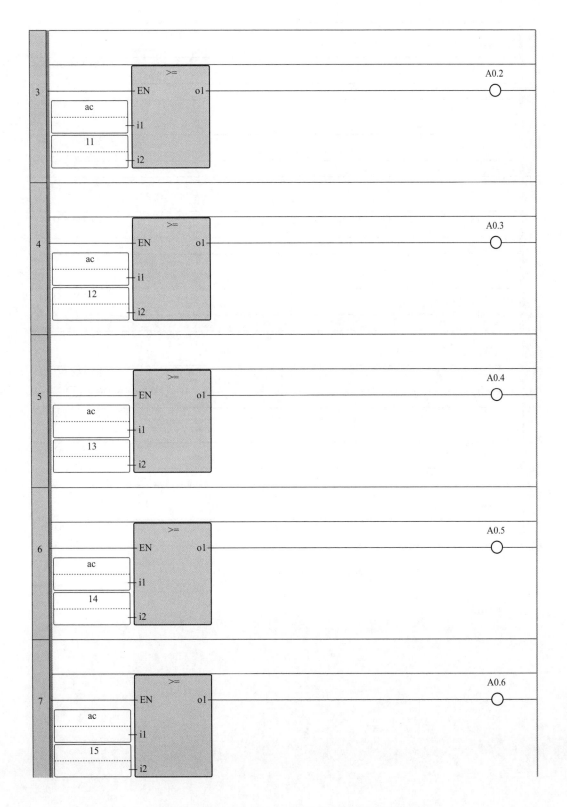

图 7-8　Mcrio850 中与 Mcrio820 对应的指示灯程序

图 7-9 为 Mcrio820 的指示灯程序,通过变量 A2.0～A2.6 控制 DO_00～DO_06。

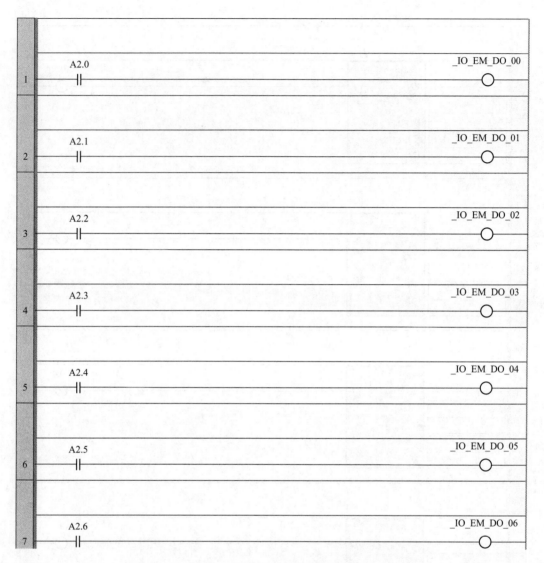

图 7-9　Mcrio820 的指示灯程序

附 录

附录1：Micro800 指令集

指令	映射指令 （Logix 主题）	类别	类型	描述
−	SUB	算术	运算符	用一个整型、实型或时间值减去另一个整型、实型或时间值
×	MUL	算术	运算符	乘以两个或多个整型或实型值
/	DIV	算术	运算符	两个整型值或实型值相除
+	ADD	算术	运算符	添加两个或多个整型、实型、时间或字符串值
<	LES	比较	运算符	比较整型、实型、时间、日期和字符串输入值，以确定第一个输入是否小于第二个输入
<=	LEQ	比较	运算符	比较整型、实型、时间、日期和字符串输入值，以确定第一个输入是否小于或等于第二个输入
<>	NEQ	比较	运算符	比较整型、实型、时间、日期和字符串输入值，以确定第一个输入是否不等于第二个输入
=	EQU	比较	运算符	测试一个值是否等于另一个值
>=	GEQ	比较	运算符	比较整型、实型、时间、日期和字符串输入值，以确定第一个输入是否大于或等于第二个输入
ABL	ABL	通信	功能块	计算缓冲区中的字符数（甚至可包括行尾字符）
ABS	ABS	算术	功能	返回实型值的绝对值
ACB	ACB	通信	功能块	计算缓冲区中的字符总数
ACL	ACL	通信	功能块	清除接收和传输缓冲区
ACOS	ACS	算术	功能	计算实型值的反余弦
ACOS_LREAL 75	ACOS_LREAL	算术	功能	计算长实型值的反余弦
AFI	AFI	程序控制	功能	调试时临时禁用梯级
AHL	AHL	通信	功能块	设置或复位调制解调器握手信号行
AND	AND	布尔运算	运算符	在两个或多个值之间执行布尔与操作
AND_MASK	AND_MASK	二进制运算	功能	在两个整型值之间执行位到位 AND 运算

续表

指令	映射指令 （Logix 主题）	类别	类型	描述
ANY_TO_BOOL	ANY_TO_BOOL	数据转换	功能	将非布尔值转换为布尔值
ANY_TO_BYTE	ANY_TO_BYTE	数据转换	功能	将值转换为字节
ANY_TO_DATE	ANY_TO_DATE	数据转换	功能	将字符串、整型、实型或时间数据类型转换为日期数据类型
ANY_TO_DINT	STOD	数据转换	功能	将值转换为双整型
ANY_TO_DWORD	ANY_TO_DWORD	数据转换	功能	将值转换为双字值
ANY_TO_INT	ACI	数据转换	功能	将值转换为整型
ANY_TO_LINT	ANY_TO_LINT	数据转换	功能	将值转换为长整型
ANY_TO_LREAL	ANY_TO_LREAL	数据转换	功能	将值转换为长实型
ANY_TO_LWORD	ANY_TO_LWORD	数据转换	功能	将值转换为长字型
ANY_TO_REAL	STOR	数据转换	功能	将值转换为实型
ANY_TO_SINT	ANY_TO_SINT	数据转换	功能	将值转换为短整型
ANY_TO_STRING	DTOS	数据转换	功能	将值转换为字符串
ANY_TO_TIME	ANY_TO_TIME	数据转换	功能	将值转换为时间数据类型
ANY_TO_UDINT	ANY_TO_UDINT	数据转换	功能	将值转换为无符号双整型
ANY_TO_UINT	ANY_TO_UINT	数据转换	功能	将值转换为无符号整型
ANY_TO_ULINT	ANY_TO_ULINT	数据转换	功能	将值转换为无符号长整型
ANY_TO_USINT	ANY_TO_USINT	数据转换	功能	将值转换为无符号短整型
ANY_TO_WORD	ANY_TO_WORD	数据转换	功能	将值转换为字
ARD	ARD	通信	功能块	从输入缓冲区读取字符，并将这些字符放置到某个字符串中
ARL	ARL	通信	功能块	从输入缓冲区读取一行字符，并将这些字符放置到某个字符串中
ASCII	ASCII	字符串操作	功能	返回字符串形式的字符 ASCII 代码。字符—＞ASCII 代码
ASIN	ASN	算术	功能	计算实型值的反正弦
ASIN_LREAL	ASN_LREAL	算术	功能	计算长实型值的反正弦
ATAN	ATN	算术	功能	计算实型值的反正切
ATAN_LREAL	ATAN_LREAL	算术	功能	计算长实型值的反正切
AVERAGE	AVE	数据操作	功能块	计算若干定义样本上的运行平均值
AWA	AWA	通信	功能	将包含两个附加(用户配置)字符的字符串写入外部设备
AWT	AWT	通信	功能	将字符从源字符串写入外部设置
BSL	BSL	二进制运算	功能块	将数组元素中的位向左移动
BSR	BSR	二进制运算	功能块	将数组元素中的位向右移动
CHAR	CHAR	字符串操作	功能	返回 ASCII 代码的一个字符字符串。ASCII 代码—＞字符
COM_IO_WDOG	COM_IO_WDOG	通信	功能块	监控与控制器的通信
COP	COP	数据转换	功能块	将源元素中的二进制数据复制到目标元素

续表

指令	映射指令（Logix 主题）	类别	类型	描述
COS	COS	算术	功能	计算实型值的余弦
COS_LREAL	COS_LREAL		功能	计算长实型值的余弦
CTD	CTD	计数器	功能	它从给定值到 0 逐个向下计数(整数)
CTU	CTU	计数器	功能	从 0 到给定值逐个向上计数(整数)
CTUD	CTUD	计数器	功能	从 0 到给定值逐个向上计数(整数)，或从给定值到 0(逐个)向下计数
DELETE	DELETE	字符串操作	功能	从字符串中删除字符
DERIVATE	DERIVATE	流程控制	功能块	实型值在定义的循环时间内的差分
DLG	DLG	输入/输出	功能块	将变量值从运行时引擎写入到 SD 卡上的数据记录文件
DOY	DOY	时间	功能	如果实时时钟的值位于"年时间"设置范围内，则开启输出
EXPT	EXPT	算术	功能	计算增加至整型指数的幂的基数的实型值
E_TRIG	OSF	布尔运算	功能块	检测布尔变量的下降沿
FFL	FFL	流程控制	功能块	将 8 位、16 位、32 位或 64 位数据加载到调用 FIFO 堆栈的用户创建的数组
FFU	FFU	流程控制	功能块	以使用 FFL 指令加载数据的相同顺序，从调用 FIFO(先进先出)堆栈的用户创建数组卸载 8 位、16 位、32 位或 64 位数据
FIND	FIND	字符串操作	功能	在字符串中定位并提供子字符串的位置
高速计数器	HSC	输入/输出	功能块	HSC 将高预设、低预设和输出源值应用到高速计数器
HSC_SET_STS	HSC_SET_STS	输入/输出	功能块	HSC_SET_STS 手动设置或重置 HSC 计数状态
HSC_SET_STS	HSC_SET_STS	输入/输出	功能块	HSC_SET_STS 手动设置或重置 HSC 计数状态
HSCE	HSCE	输入/输出	功能块	HSCE 开始、停止和读取累加值
HSCE_CFG	HSCE_CFG	输入/输出	功能块	HSCE_CFG 是高速计数器配置
HSCE_CFG_PLS	HSCE_CFG_PLS	输入/输出	功能块	HSCE_CFG_PLS 是高速计数器 PLS 配置
HSCE_READ_STS	HSCE_READ_STS	输入/输出	功能块	HSCE_READ_STS 读取高速计数器状态
HSCE_SET_STS	HSCE_SET_STS	输入/输出	功能块	HSCE_SET_STS 手动设置/复位高速计数器状态
HYSTER	HYSTER	流程控制	功能块	在不同实型值上的布尔迟滞
IIM	IIM	输入/输出	功能块	在进行正常输出扫描前更新输入
INSERT	INSERT	字符串操作	功能	在字符串中用户指定的位置插入子字符串
INTEGRAL	INTEGRAL	流程控制	功能块	在定义的循环时间期间集成实型值
IOM	IOM	输入/输出	功能块	在进行正常输出扫描前更新输出

续表

指令	映射指令（Logix 主题）	类别	类型	描述
IPIDCONTROLLER	IPIDCONTROLLER	流程控制	功能块	配置和控制用于比例积分微分（PID）逻辑的输入和输出
KEY_READ		输入/输出	功能块	仅限 Micro810 在用户显示处于活动状态的读取可选 LCD 模块上的键状态
KEY_READ_REM	KEY_READ_REM	输入/输出	功能块	仅限 Micro820 在用户显示处于活动状态时读取可选远程 LCD 模块上的键状态
LCD		输入/输出	功能	仅限 Micro810 在 LCD 屏幕上显示字符串或数字
LCD_BKLT_REM	LCD_BKLT_REM	输入/输出	功能	在用户程序中设置远程 LCD 背光参数
LCD_REM	LCD_REM	输入/输出	功能	显示远程 LCD 屏幕的用户定义消息
LEFT	LEFT	字符串操作	功能	从字符串左侧提取字符
LFL(LIFO 加载)	LFL	流程控制	功能块	将 8 位、16 位、32 位或 64 位数据加载到调用 LIFO 堆栈的用户创建数组
LFU(LIFO 卸载)	LFU	流程控制	功能块	以使用 LFL 指令加载数据的相同顺序，从调用 LIFO（后进先出）堆栈的用户创建数组卸载 8 位、16 位、32 位或 64 位数据
LIM_ALRM	LIM	警报	功能块	关于上限和下限实型值滞后的警报
LIMIT	LIMIT	流程控制	功能	将整型值限制为给定的间隔
LOG	LOG	算术	功能	计算实型值的对数（以 10 为底）
MAX	MAX	数据操作	功能	计算两个整型值的最大值
MC_AbortTrigger	MC_AbortTrigger	运动	功能块	中止连接到触发事件的运动功能块
MC_Halt	MC_Halt	运动	功能块	命令受控制的运动在正常操作条件下停止
MC_Home	MAH	运动	功能块	命令轴执行〈search home〉序列
MC_MoveAbsdute	MAM	运动	功能块	命令受控制的运动到指定的绝对位置
MC_MoveRelative	MC_MoveRelative	运动	功能块	控制伺服以相对值运动
MC_MoveVelocity	MCD	运动	功能块	控制伺服以速度值运动
MC_Power	MSO	运动	功能块	控制功率（打开或关闭）
MC_ReadActualPosition	MC_ReadActualPosition	运动	功能块	返回反馈轴的实际位置
MC_ReadActualVelocity	MC_ReadActualVelocity	运动	功能块	返回反馈轴的实际速度
MC_ReadAxisError	MC_ReadAxisError	运动	功能块	读取与运动控制指令块无关的轴错误
MC_ReadBoolParameter	MC_ReadBoolParameter	运动	功能块	返回特定于供应商的类型为 BOOL 的参数的值
MC_ReadParameter	MC_ReadParameter	运动	功能块	返回特定于供应商的类型为实型的参数的值
MC_ReadStatus	MC_ReadStatus	运动	功能块	返回与当前正在进行中的运动相关的轴的状态
MC_Reset	MAFR	运动	功能块	通过复位所有内部轴相关错误将轴状态从 ErrorStop 转换为 StandS 面

续表

指令	映射指令 （Logix 主题）	类别	类型	描述
MC_SetPosition	MRP	运动	功能块	通过控制实际位置来转移轴坐标系统
MC_Stop	MAS	运动	功能块	命令受控制的运动停止并将轴状态转为 Stopping
MC_TouchProbe	MC_TouchProbe	运动	功能块	在触发事件中记录轴位置
MC_WriteBoolParameter	MC_WriteBoolParameter	运动	功能块	修改特定于供应商的类型为布尔型的参数的值
MC_WriteParameter	MC_WriteParameter	运动	功能块	修改特定于供应商的类型为实型的参数的值
MID	MID	字符串操作	功能	从字符串中间提取字符
MIN	MIN	数据操作	功能	计算两个整型值的最小值
MLEN	MLEN	字符串操作	功能	计算字符串的长度
MM_INFO	MM_INFO	输入/输出	功能块	读取内存模块标题信号
MOD	MOD	算术	功能	对整型值执行模计算
MODULE_INFO	MODULE_INFO	输入/输出	功能块	从插件模块或扩展模块读取模块信息
MOV	MOV	算术	运算符	将输入值分配给输出
MSG_CIPGENERIC	MSG	通信	功能	发送 CIP 泛型显式消息
MC_MoveAbsdute	MAM	运动	功能块	命令受控制的运动到指定的绝对位置
MC_MoveRelative	MC_MoveRelative	运动	功能块	控制伺服以相对值运动
MC_MoveVelocity	MCD	运动	功能块	控制伺服以速度值运动
MC_Power	MSO	运动	功能块	控制功率（打开或关闭）
MC_ReadActualPosition	MC_ReadActualPosition	运动	功能块	返回反馈轴的实际位置
MC_ReadActualVelocity	MC_ReadActualVelocity	运动	功能块	返回反馈轴的实际速度
MC_ReadAxisError	MC_ReadAxisError	运动	功能块	读取与运动控制指令块无关的轴错误
MC_ReadBoolParameter	MC_ReadBoolParameter	运动	功能块	返回特定于供应商的类型为 BOOL 的参数的值
MC_ReadParameter	MC_ReadParameter	运动	功能块	返回特定于供应商的类型为实型的参数的值
MC_ReadStatus	MC_ReadStatus	运动	功能块	返回与当前正在进行中的运动相关的轴的状态
MC_Reset	MAFR	运动	功能块	通过复位所有内部轴相关错误将轴状态从 ErrorStop 转换为 StandS 面
MC_SetPosition	MRP	运动	功能块	通过控制实际位置来转移轴坐标系统
MC_Stop	MAS	运动	功能块	命令受控制的运动停止并将轴状态转为 Stopping
MC_TouchProbe	MC_TouchProbe	运动	功能块	在触发事件中记录轴位置
MC_WriteBoolParameter	MC_WriteBoolParameter	运动	功能块	修改特定于供应商的类型为布尔型的参数的值
MC_WriteParameter	MC_WriteParameter	运动	功能块	修改特定于供应商的类型为实型的参数的值
MID	MID	字符串操作	功能	从字符串中间提取字符
MIN	MIN	数据操作	功能	计算两个整型值的最小值

续表

指令	映射指令（Logix 主题）	类别	类型	描述
MLEN	MLEN	字符串操作	功能	计算字符串的长度
MM_INFO	MM_INFO	输入/输出	功能块	读取内存模块标题信息
MOD	MOD	算术	功能	对整型值执行模计算
MODULE_INFO	MODULE_INFO	输入/输出	功能块	从插件模块或扩展模块读取模块信息
MOV	MOV	算术	运算符	将输入值分配给输出
MSG_CIPGENERIC	MSG	通信	功能	发送 CIP 泛型显式消息
MSG_CIPSYMBOLIC	MSG_CIPSYMBOLIC	通信	功能	发送 CIP 符号显式消息
MSG_MODBUS	MSG_MODBUS	通信	功能	发送 Modbus 消息
MSG_MODBUS2	MSG_MODBUS2	通信	功能	通过以太网通道发送 MODBUS/TCP 消息
MUX4B	MUX4B	布尔	功能	四个布尔型输入之间的乘法器,输出布尔型值
MUX8B	MUX8B	布尔	功能	八个布尔型输入之间的乘法器,输出布尔型值
取反	NEG	算术	运算符	将值转换为负值
NOP	NOP	程序控制	功能	起占位符作用
NOT	NOT	布尔运算	运算符	将布尔值转换为反值
NOT_MASK	NOT_MASK	二进制运算	功能	整型位到位取反掩码,将反转参数值
OR	OR	布尔运算	运算符	两个或更多值的布尔或
OR_MASK	OR_MASK	二进制运算	功能	整型 OR 位到位掩码,将启用位
PID	PID	流程控制	功能块	使用过程循环控制诸如温度、压力、液面或流速等物理属性的输出指令
PLUGIN_INFO	PLUGIN_INFO	输入/输出	功能块	从类属插件模块中获取模块信息(不包括内存模块)
PLUGIN_READ	PLUGIN_READ	输入/输出	功能块	从类属插件模块中读取数据(不包括内存模块)
PLUGIN_RESET	PLUGIN_RESET	输入/输出	功能块	复位类属插件模块,硬件复位(不包括内存模块)
PLUGIN_WRITE	PLUGIN_WRITE	输入/输出	功能块	将数据写入类属插件模块(不包括内存模块)
POW	XPY	算术	功能	计算增加至实型指数的幂的实型数的值
PWM	PWM	流程控制	功能块	针对配置的 PWM 通道打开或关闭 PWM(脉宽调制)输出
R_TRIG	OSR	布尔运算	功能块	检测布尔变量的上升沿
RAND	RAND	算术	功能	从定义的范围计算随机整数值
RCP	RCP	输入/输出	功能块	从 SD 内存卡读取配方数据/向其写入配方数据
REPLACE	REPLACE	字符串操作	功能	将字符串的一部分替换为新的字符集
RHC	RHC	输入/输出	功能	读取高速时钟
RIGHT	RIGHT	字符串操作	功能	从字符串右侧提取字符
ROL	ROL	二进制运算	功能	对于 32 位整数,将整数位旋转到左侧

续表

指令	映射指令 （Logix 主题）	类别	类型	描述
ROR	ROR	二进制运算	功能	对于 32 位整数，将整数位旋转到右侧
RPC	RPC	输入/输出	功能	读取用户程序校验和
RS	RS	布尔运算	功能块	重置优先指令
RTC_READ	RTC_READ	输入/输出	功能块	读取实时时钟（RTC）模块信息
RTC_SET	RTC_SET	输入/输出	功能块	将 RTC（实时时钟）数据设置为 RTC 模块信息
RTO	RTO	时间	功能块	保持时间，当输入处于活动状态时增加内部计时器，但当输入变为不活动状态时不复位内部计时器
SCALER	SCP	流程控制	功能块	根据输出范围调整输入值
SCL	SCL	流程控制	功能块	将未缩放的输入值转换为采用工程单位的浮点值
SHL	SHL	二进制运算	功能	对于 32 位整数，将整数向左移动，并在最低有效位中置 0
SHR	SHR	二进制运算	功能	对于 32 位整数，将整数向右移动，并在最高有效位中置 0
SIN	SIN	算术	功能	计算实型值的正弦
SIN_LREAL	SIN_LREAL	算术	功能	计算长实型值的正弦
SOCKET_ACCEPT	SOCKET_ACCEPT	通信	功能块	接收来自远程目标的 TCP 连接请求并返回用于发送和接收新创建连接上的数据的套接字实例
SOCKET_CREATE	SOCKET_CREATE	通信	功能块	创建套接字实例并返回实例编号，以在任何后续套接字操作中用作输入
SOCKET_DELETE	SOCKET_DELETE	通信	功能块	删除创建的套接字实例
SOCKET_DELETEALL	SOCKET_DELETEALL	通信	功能块	删除创建的所有套接字实例
SOCKET_INFO	SOCKET_INFO	通信	功能块	返回套接字信息，如错误代码和执行状态
SOCKET_OPEN	SOCKET_OPEN	通信	功能块	打开指定目标地址的连接，以建立传输控制协议（TCP）连接。对于用户数据报协议（UDP）连接
SOCKET_READ	SOCKET_READ	通信	功能块	读取套接字上的数据
SOCKET_WRITE	SOCKET_WRITE	通信	功能块	发送套接字上的数据
SQRT	SQR	算术	功能	计算实型值的平方根
SR	SR	布尔运算	功能块	置位优先指令
STACKINT	STACKINT	流程控制	功能块	管理整数堆栈
STIS	STS	中断	功能	从控制程序启动选定的定时用户中断（STI）计时器，而不是自动启动
SUS	SUS	程序控制	功能块	挂起（M800 控制器）的执行
SYS_INFO	SYS_INFO	输入/输出	功能块	读取 Micro800 控制器的状态数据块
TAN	TAN	算术	功能	计算实型值的正切
TAN_LREAL	TAN_LREAL	算术	功能	计算长实型值的正切

续表

指令	映射指令（Logix 主题）	类别	类型	描述
TDF	TDF	时间	功能	计算 TimeA 和 TimeB 之间的时间差
TND	TND	流程控制	功能	停止用户程序扫描的当前循环
TOF	TOF	时间	功能块	关闭延时计时。将内部计时器增加至指定值
TON	TON	时间	功能块	打开延时计时。将内部计时器增加至指定值
TONOFF	TONOFF	时间	功能块	延迟打开 TRUE 梯级上的输出,然后延迟关闭 FALSE 梯级上的输出
TOW	TOW	时间	功能	如果实时时钟的值位于"周时间"设置范围内,则开启输出
TP	TP	时间	功能块	脉冲计时,在上升沿时,将内部计时器增加至指定值
TRIMPOT_READ	TRIMPOT_READ	输入/输出	功能块	从特定微调电位中读取微调电位计数值
TRUNC	TRN	算术	功能	截断实型值,只保留整数
TTABLE	TTABLE	布尔	功能	根据输入组合提供输出的值
UIC	UIC	中断	功能	清除选定用户中断的丢失位
UID	UID	中断	功能	禁用特定用户中断
UIE	UIE	中断	功能	启用特定用户输入
UIF	UIF	中断	功能	刷新或删除挂起的用户输入
XOR	XOR	布尔运算	运算符	两个值的布尔异或
XOR_MASK	XOR_MASK	二进制运算	功能	整数异或位到位掩码,返回反转的位值

附录 2: Micro800 梯形图编辑的键盘快捷键

快捷键	描述
Ctrl+0	将梯级插入到选定梯级之后①
Ctrl+Alt+0	将梯级插入到选定梯级之前①
Ctrl+1	将分支插入到选定元素之后
Ctrl+Alt+1	将分支插入到选定元素之前
Ctrl+2	将指令块插入到选定元素之后②
Ctrl+Alt+2	将指令块插入到选定元素之前②
Ctrl+3	将触点插入到选定元素之后②
Ctrl+Alt+3	将触点插入到选定元素之前②
Ctrl+4	将线圈插入到选定元素之后
Ctrl+5	将跳转插入到选定元素之后
Ctrl+Alt+5	将跳转插入到选定元素之后
Ctrl+6	将返回插入到选定元素之后

续表

快捷键	描述
Ctrl+8	将分支插入到选定分支之上
Ctrl+Alt+8	将分支插入到选定分支之下
删除	删除选定的梯级或元素
Enter	选定梯级后,按 Enter 键会选择梯级的第一个元素,如果没有梯级元素,将不会发生任何操作
空格键	选定线圈或触点后,按空格键会更改触点或线圈类型
Shift+Enter	插入换行符
Ctrl+Enter	打开当前行之上的行
Ctrl+Shift+Enter	打开当前行之下的行
Ctrl+Shift+L	删除当前行
Ctrl+Delete	删除当前行中的下一个字
退格键	删除左侧的字符
Ctrl+退格键	删除当前行中的上一个字
Ctrl+C	将选定文本复制到剪贴板
Ctrl+Insert	将选定文本复制到剪贴板
Ctrl+V	将保存在剪贴板中的文本粘贴到插入点
Shift+Insert	将保存在剪贴板中的文本粘贴到插入点
Ctrl+Z	撤销上一个命令
Ctrl+Y	恢复上一个命令
Ctrl+Shift+Z	恢复上一个命令
Ctrl+向左箭头	移动到上一个语句或字
Ctrl+向右箭头	移动到下一个语句或字
Home	移动到选定梯级的第一个元素,如果没有梯级元素,将不会发生任何操作
End	移动到选定梯级的最后一个元素,如果没有梯级元素,将不会发生任何操作
Ctrl+Home	移动到第一个梯级的第一个元素,如果没有梯级元素,将选中第一个梯级
Ctrl+End	移动到最后一个梯级的最后一个元素,如果没有梯级元素,将选中最后一个梯级
Page Up	移动到可见代码的顶部
Page Down	移动到可见代码的底部
Ctrl+J	移动到匹配的括号
Ctrl+向下箭头	向下滚动
Ctrl+向上箭头	向上滚动
Shift+向下箭头	选择下方
Shift+鼠标左键单击	选择多个梯级。分别单击每个梯级
Shift+向上箭头	选择上方
Shift+向左箭头	选择左侧
Shift+向右箭头	选择右侧
Ctrl+Shift+向左箭头	选择到上一个语句或字
Ctrl+Shift+向右箭头	选择到下一个语句或字

续表

快捷键	描述
Shift+Home	从插入点选择到行首
Shift+End	从插入点选择到行末
Ctrl+Shift+Home	从插入点选择到文档开头
Ctrl+Shift+End	从插入点选择到文档末尾
Shift+Page Up	从插入点选择到可见代码的顶部
Shift+Page Down	从插入点选择到可见代码的底部
Ctrl+Shift+Page Up	从插入点选择到可见代码的顶部
Ctrl+Shift+Page Down	从插入点选择到可见代码的底部
Ctrl+A	选择整个文档
Ctrl+D	如果选定梯级或梯级的一个元素,在按 Ctrl+D 后,用户可编辑梯级注释
Ctrl+R	启用或禁用自动选择器调用 默认情况下,元素添加到梯形图编程时,指令块选择器或变量选择器对话框会打开
Ctrl+Shift+W	选择下一个字
Ctrl+Shift+J	选择到配对的括号
Shift+Alt+向下箭头	选择当前行和下一行
Shift+Alt+向上箭头	选择当前行和上一行
Shift+Alt+向左箭头	选择当前行的左侧
Shift+Alt+向右箭头	选择当前行的右侧
Ctrl+Shift+Alt+向左箭头	在代码行中从左向右选择可用列
Ctrl+Shift+Alt+向右箭头	在代码行中从右向左选择可用列
Esc	取消选择选定文本
Insert	在覆盖/插入键入模式之间切换

① 如果未选定梯级,则会将某个梯级添加到梯级列表的末尾。
② 如果选定了某个分支,则会将某个元素插入到该分支的末尾。

参考文献

[1] 何文雪,刘华波,吴贺荣. PLC 编程与应用 [M]. 北京:机械工业出版社,2010.

[2] 于海生. 微型计算机控制技术 [M]. 北京:清华大学出版社,2009.

[3] 钱晓龙,李晓理. Micro800 控制系统 [M]. 北京:机械工业出版社,2013.

[4] 张燕宾. SPWM 变频调速应用技术 [M]. 北京:机械工业出版社,2009.

[5] 于海成. 计算机控制技术 [M]. 北京:机械工业出版社,2007.

[6] 邓李. ControlLogix 系统实用手册 [M]. 北京:机械工业出版社,2007.

[7] 钱晓龙. 循序渐进 Kinetix 集成运动控制系统 [M]. 北京:机械工业出版社,2008.

[8] 钱晓龙. 循序渐进 Micro800 控制系统 [M]. 北京:机械工业出版社,2015.

[9] 陈伯时,孙敏逊. 交流调速系统 [M]. 北京:机械工业出版社,2003.

[10] 王德吉,申玉军,黄光富. 罗克韦尔 PLC 控制技术 [M]. 北京:机械工业出版社,2014.